解けば解くほど頭がさえる!

大人のやりなおし 算数ドリル

監修　間地秀三

宝島社

はじめに

子どものときには気がつかなかった
大人になってはじめて知る算数の楽しさ!!

子どものころ算数が苦手だったので、大人になった「今」こそやりなおしたい、あるいは算数は子どものころ好きだったが大人になってから忘れてしまったので、新たな気持ちで取り組みたい……。そんなふうに、「算数をやりなおしたい！」と思っている大人のためにつくられたのが、本書です。

脳トレブームに見られるように、算数の問題を解くことは適度な頭の体操になり、脳の活性化や認知症の予防につながることも、近年明らかになってきています。ですから、そのための一助になることも当然、本書は意図しています。

お子さんのいらっしゃる方は、本書を通じて子どもと一緒に算数を学んでみてもいいかもしれません。親と子が算数を通じて絆を深め、子どもの知的向上心もどんどん上がっていく……。なんと素晴らしいことではないでしょうか！

本書のコンセプトはズバリ「ストレスなく、楽しく、わくわくしながら算数を学ぶ」ということ。そのために、さまざまな工夫が凝らされています。

解説を可能な限り、誰もがわかるように平易にしたことはもちろん、多くの人がつまずきやすい各単元の要所要所に先回りして、どんな「？」にも対応できるようなきめ細かい説明を心がけました。そのため、1日10分学ぶだけで、約４週間で26単元、すなわち算数のほぼすべてをマスターすることが可能になっています。
また、初級編では小学校６年分の算数が完全マスターできるばかりではなく、中級・上級編まで解き進めると、中学校の数学のおさらいまでできる仕組みになっております。

以上のことから、本書は大人がもう一度、算数をやりなおすのには、最適な教材といえます。どうか算数をこの本を通じて好きになってください。算数や数学的な思考を身につけると、もしかしたら、これまでのあなたの思考体系が劇的に変化して、世界の見方や人生へのスタンスも変わってくるかもしれません。

ようこそ算数の世界へ！
そして新しい“あなた”の誕生に乾杯！

本書の使い方

※基本的に、１つの単元は「解説のページ→練習ドリル」という構成になっています。

☆本書は、学力レベル順に問題を掲載しています。小学校６年分の算数はもちろん、応用・発展として中学・高校の問題まで学習できる構成となっております。

①この項目で学ぶ単元です

②小学校、中学校、高校のどこで学ぶかの目安です

③単元によっては、本文解説をより深く理解してもらうためのポイントを載せています

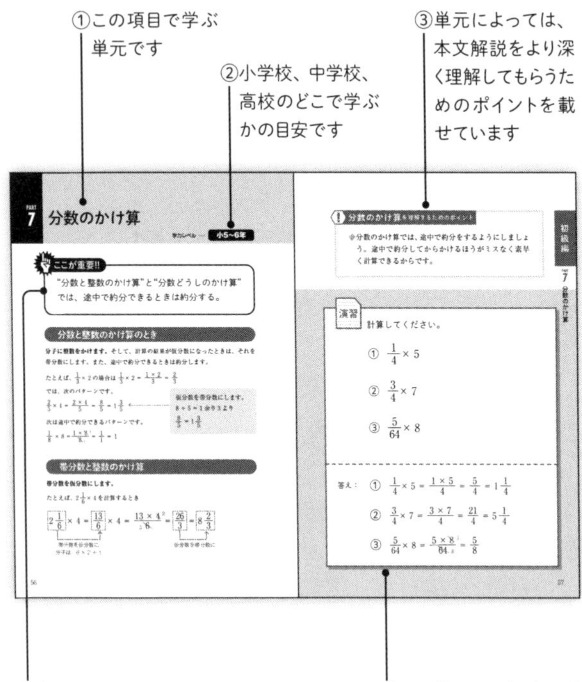

④各単元を学習する上で重要になる点を簡潔に述べています

⑤この単元の理解度を確認するための問題です

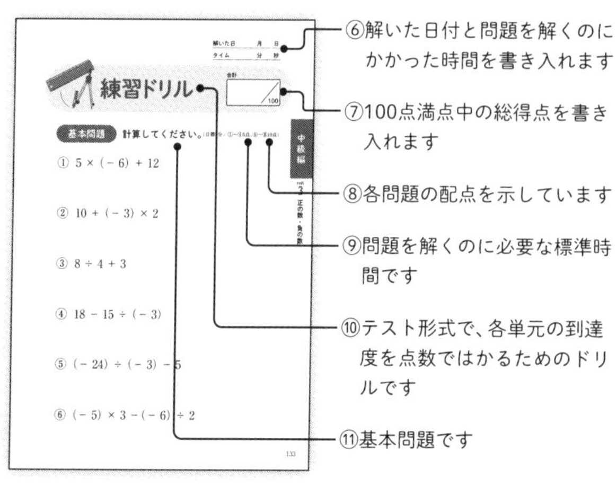

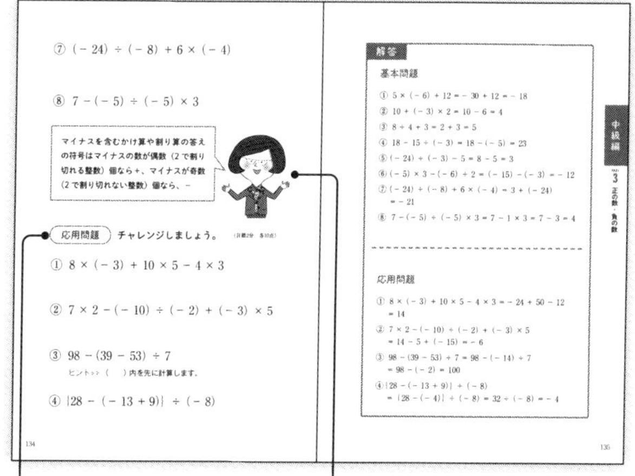

⑫基本問題よりワンランク上の問題を載せています

⑬問題を解く上で必要な実践的テクニックを紹介しています

Contents

2 はじめに

4 本書の使い方

8 長さの単位計算の仕方

9 第１章　初級編

10 PART 1 整数の足し算と引き算

18 PART 2 小数の足し算と引き算

24 PART 3 整数のかけ算と割り算

32 PART 4 小数のかけ算と割り算

40 PART 5 公約数と公倍数

48 PART 6 分数の足し算と引き算

56 PART 7 分数のかけ算

64 PART 8 分数の割り算

70 PART 9 三角形・四角形の面積

76 PART 10 円・おうぎ形の面積、弧の長さ

82 PART 11 柱体の体積

86 PART 12 割合の計算

96 PART 13 比

102 PART 14 速さの計算
108 PART 15 平均と人口密度
112 PART 16 すい体の体積と球の体積・表面積の計算
116 重さの単位計算の仕方

117 第2章 中級編

118 PART 1 比例
124 PART 2 反比例
130 PART 3 正の数・負の数
136 PART 4 アルファベットなどの文字を用いた計算
144 PART 5 1次関数
152 PART 6 1次方程式・1次不等式
158 PART 7 連立方程式
164 時間の単位計算の仕方

165 第3章 上級編

166 PART 1 式の展開・因数分解
178 PART 2 √の計算
186 PART 3 2次方程式

長さの単位計算の仕方

ここでは単位を素早く変更するためのテクニックを紹介します。

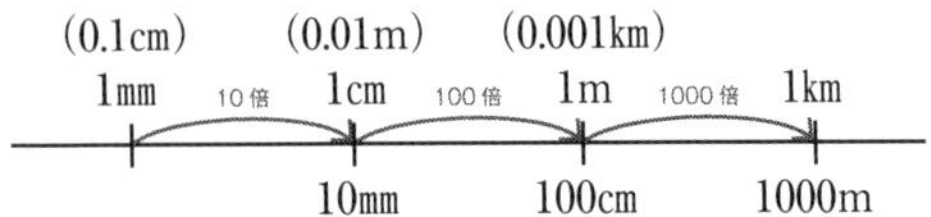

単位

1㎜　(ミリメートル)
1㎝　(センチメートル)
1m　(メートル)
1㎞　(キロメートル)

例　次の長さの単位を（　）の中のものに変更して表しなさい。

① 13600m (㎞)

1m = 0.001㎞なので
13600 × 0.001 = 13.6
13.6㎞

② 55.2㎝ (㎜)

1㎝ = 10㎜なので
55.2 × 10 = 552
552㎜

第1章

初級編

$$\frac{1}{7} \div \frac{3}{14} \div \frac{1}{6} = \frac{1 \times 14 \times 6}{7 \times 3 \times 1} = \frac{4}{1} = 4$$

小学校で学ぶ算数の中でも、初歩的なものとされる、小数や分数の四則計算、あるいは三角形や平行四辺形などの面積、そして、速さを求める問題など…。これらは確かに比較的平易ではありますが、油断すると思わぬところで足をすくわれることも。そうならないための、やりなおし算数の初級編です！

PART 1

整数の足し算と引き算

学力レベル ▸▸▸ **小1〜3年**

“足し算と引き算”とは

足し算と引き算は日常生活の中でごくふつうに使っています。たとえばスーパーで買い物をするとき、みなさんはサイフの中身を思い浮かべながら無意識に計算をしていませんか？　それだけ人間の本能に基づいた行為といえます。

たとえば、6+8=14を図で示すと以下のようになります。

この図から　$6+8=14$

$6=14-8$ $(14-8=6)$

$8=14-6$ $(14-6=8)$ が

同時にわかります。

では、足し算と引き算を計算してみましょう。

足し算の手順

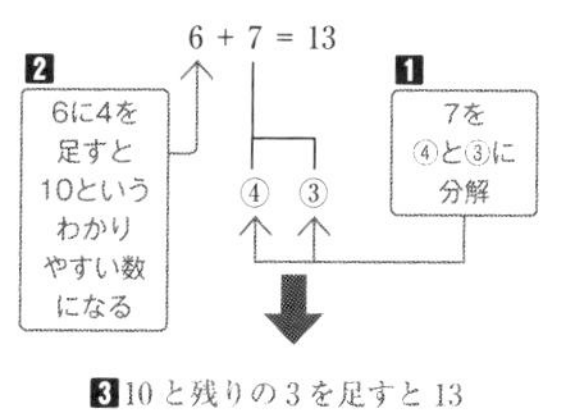

3 10と残りの3を足すと13

引き算の手順

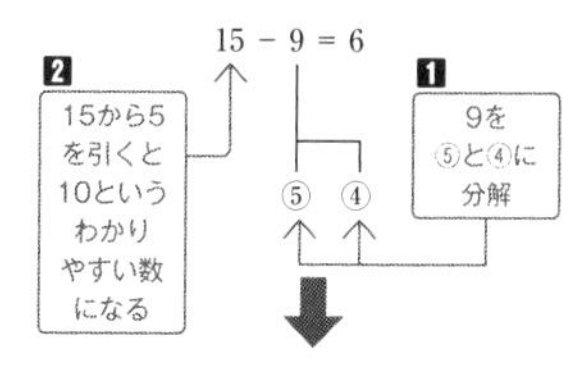

3 10から残りの4を引くと6

※計算しやすいように数を分解する方法を“さくらんぼ算”といいます。

足し算の筆算の繰り上がり

2けた以上の計算には筆算が有効です。

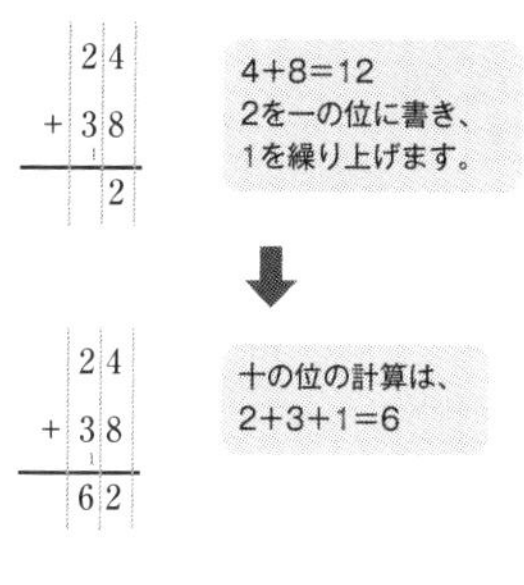

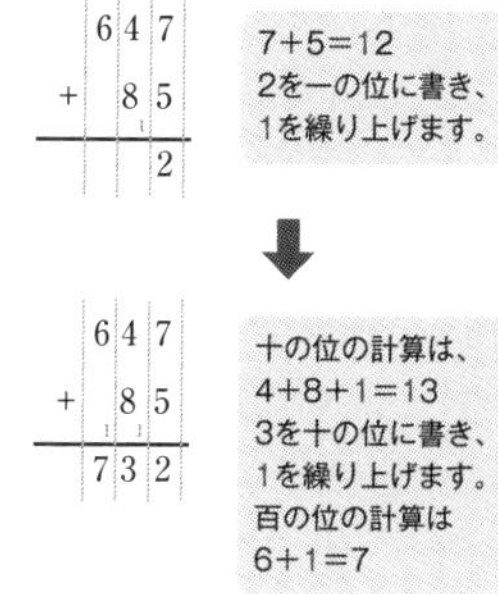

引き算の筆算の繰り下がり

54－28の筆算の方法は、

	④ 1	
	5	4
－	2	8
	2	6

一の位は十の位から1繰り下げ
（繰り下げにより十の位の5が4に）
14－8=6
十の位は4－2=2

831－357の筆算の方法は、

	⑦ 1	② 1	
	8	3	1
－	3	5	7
	4	7	4

一の位は十の位から1繰り下げ
11－7=4
（繰り下げにより十の位の3が2に）
十の位は百の位から1繰り下げ
12－5=7
（繰り下げにより百の位の8が7に）
百の位は7－3=4

演習

計算してください。

①
$$
\begin{array}{r} 862 \\ -\ 567 \\ \hline \end{array}
$$

②
$$
\begin{array}{r} 798 \\ +\ 126 \\ \hline \end{array}
$$

③
$$
\begin{array}{r} 985 \\ -\ 765 \\ \hline \end{array}
$$

答え：① 295　② 924　③ 220

解いた日　　月　日
タイム　　分　秒

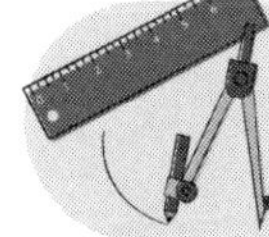

練習ドリル

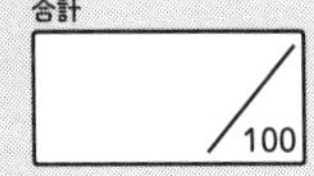

基本問題　計算してください。　（目標3分／各5点）

① $\begin{array}{r} 52 \\ +\ 49 \\ \hline \end{array}$

② $\begin{array}{r} 401 \\ +\ 769 \\ \hline \end{array}$

③ $\begin{array}{r} 115 \\ +\ 907 \\ \hline \end{array}$

④ $\begin{array}{r} 54 \\ +\ 31 \\ \hline \end{array}$

⑤
$$\begin{array}{r} 965 \\ -\ 237 \\ \hline \end{array}$$

⑥
$$\begin{array}{r} 392 \\ -\ 219 \\ \hline \end{array}$$

⑦
$$\begin{array}{r} 497 \\ -\ 239 \\ \hline \end{array}$$

⑧
$$\begin{array}{r} 562 \\ -\ 174 \\ \hline \end{array}$$

応用問題　チャレンジしましょう。　（目標2分／各15点）

□を埋めて、筆算を完成させてください。

①
$$\begin{array}{r} 597\square \\ +\ \square 65 \\ \hline \square 340 \end{array}$$

②
$$\begin{array}{r} 7\square 15 \\ +\ 67\square 5 \\ \hline \square 3810 \end{array}$$

③
$$\begin{array}{r} 9\square 1 \\ -\ 237 \\ \hline \square 94 \end{array}$$

④
$$\begin{array}{r} 9\square 21 \\ -\ 37\square 5 \\ \hline \square 226 \end{array}$$

解答

基本問題

① $$\begin{array}{r} 52 \\ +\ 49 \\ \hline 101 \end{array}$$

② $$\begin{array}{r} 401 \\ +\ 769 \\ \hline 1170 \end{array}$$

③ $$\begin{array}{r} 115 \\ +\ 907 \\ \hline 1022 \end{array}$$

④ $$\begin{array}{r} 54 \\ +\ 31 \\ \hline 85 \end{array}$$

⑤ $$\begin{array}{r} 965 \\ -\ 237 \\ \hline 728 \end{array}$$

⑥ $$\begin{array}{r} 392 \\ -\ 219 \\ \hline 173 \end{array}$$

⑦ $$\begin{array}{r} 497 \\ -\ 239 \\ \hline 258 \end{array}$$

⑧ $$\begin{array}{r} 562 \\ -\ 174 \\ \hline 388 \end{array}$$

応用問題

① $$\begin{array}{r} 597\boxed{5} \\ +\ \ \boxed{3}65 \\ \hline \boxed{6}340 \end{array}$$

② $$\begin{array}{r} 7\boxed{0}15 \\ +\ 67\boxed{9}5 \\ \hline \boxed{1}3810 \end{array}$$

③ $$\begin{array}{r} 9\boxed{3}1 \\ -\ 237 \\ \hline \boxed{6}94 \end{array}$$

④ $$\begin{array}{r} 9\boxed{0}21 \\ -\ 37\boxed{9}5 \\ \hline \boxed{5}226 \end{array}$$

PART 2

小数の足し算と引き算

学力レベル ››› 小3～4年

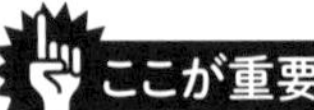

小数の計算のコツは、小数点をそろえて計算し、最後に小数点を打つことです。

そもそも小数って何?

前ページで取り上げた、0、1、2、3、4、5、……のような数を整数といいます。

一方、0. 1、0. 54、9. 65、3. 14などの数を小数といいます。

図に表すと以下のようになります。

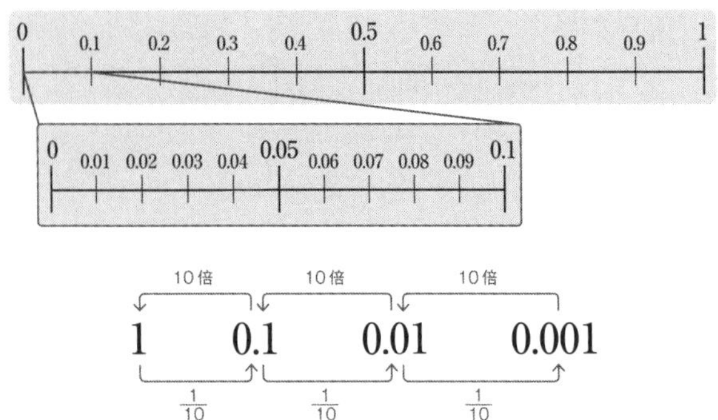

小数の位の呼び方を覚えましょう!

※2通りあるので注意しましょう。

1.367

- 1 ← 一の位
- . ← 小数点
- 3 ← 小数第一位
- 6 ← 小数第二位
- 7 ← 小数第三位

1.367

- 1 ← 一の位
- . ← 小数点
- 3 ← $\frac{1}{10}$の位
- 6 ← $\frac{1}{100}$の位
- 7 ← $\frac{1}{1000}$の位

小数の足し算と引き算を実践してみましょう。

例1 0.3 + 0.5

$$\begin{array}{r} 0.3 \\ +\ 0.5 \\ \hline 0.8 \end{array}$$

小数点をそろえ、3＋5＝8と、整数と同じように計算し、最後に0.8と小数点を打って答えを導きます。

例2 0.8 − 0.3

$$\begin{array}{r} 0.8 \\ -\ 0.3 \\ \hline 0.5 \end{array}$$

小数点をそろえ、8－3＝5と、整数と同じように計算し、最後に0.5と小数点を打って答えを導きます。

例3 7.3 + 15.8

$$\begin{array}{r} 7.3 \\ +\ 15.8 \\ \hline 23.1 \end{array}$$

小数点をそろえ、73＋158＝231と、繰り上がりのある整数の筆算と同じように計算し、最後に23.1と小数点を打って答えを導きます。

例4 13.15 − 8.37

$$\begin{array}{r} 13.15 \\ -\ 8.37 \\ \hline 4.78 \end{array}$$

小数点をそろえ、1315－837＝478と、繰り下がりのある整数の筆算と同じように計算し、最後に4.78と小数点を打って答えを導きます。

演習

計算してください。

①
$$\begin{array}{r} 6.6 \\ +\ 4.8 \\ \hline \end{array}$$

②
$$\begin{array}{r} 7.48 \\ +\ 8.19 \\ \hline \end{array}$$

③
$$\begin{array}{r} 32.58 \\ +\ \ \ 5.63 \\ \hline \end{array}$$

④
$$\begin{array}{r} 8.1 \\ -\ 5.7 \\ \hline \end{array}$$

⑤
$$\begin{array}{r} 9.46 \\ -\ 3.89 \\ \hline \end{array}$$

⑥
$$\begin{array}{r} 27.31 \\ -\ \ \ 9.57 \\ \hline \end{array}$$

答え：① 11.4　② 15.67　③ 38.21　④ 2.4　⑤ 5.57　⑥ 17.74

解いた日　　月　日
タイム　　分　秒

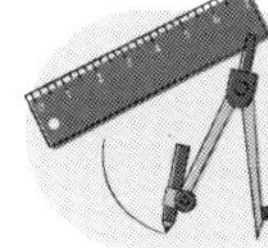

練習ドリル

合計　／100

基本問題 計算してください。　（目標3分／各5点）

① $9.7 + 6.5$

② $7.15 + 6.2$

③ $56.7 + 17.8$

④ $3.14 + 25.92$

⑤ $7.5 - 3.1$

⑥ $9.2 - 7.5$

⑦
$$\begin{array}{r} 56.3 \\ -\quad 8.5 \\ \hline \end{array}$$

⑧
$$\begin{array}{r} 28.4 \\ -\ 12.9 \\ \hline \end{array}$$

応用問題 チャレンジしましょう。（目標2分／各15点）

①
$$\begin{array}{r} 563.65 \\ +\ 125.9 \\ \hline \end{array}$$

②
$$\begin{array}{r} 4.721 \\ +\ 67.456 \\ \hline \end{array}$$

③
$$\begin{array}{r} 294.29 \\ -\ 134.5 \\ \hline \end{array}$$

④
$$\begin{array}{r} 9.421 \\ -\ 6.891 \\ \hline \end{array}$$

解答

基本問題

①
$$\begin{array}{r} 9.7 \\ +\ 6.5 \\ \hline 16.2 \end{array}$$

②
$$\begin{array}{r} 7.15 \\ +\ 6.2 \\ \hline 13.35 \end{array}$$

③
$$\begin{array}{r} 56.7 \\ +\ 17.8 \\ \hline 74.5 \end{array}$$

④
$$\begin{array}{r} 3.14 \\ +\ 25.92 \\ \hline 29.06 \end{array}$$

⑤
$$\begin{array}{r} 7.5 \\ -\ 3.1 \\ \hline 4.4 \end{array}$$

⑥
$$\begin{array}{r} 9.2 \\ -\ 7.5 \\ \hline 1.7 \end{array}$$

⑦
$$\begin{array}{r} 56.3 \\ -\ \ \ 8.5 \\ \hline 47.8 \end{array}$$

⑧
$$\begin{array}{r} 28.4 \\ -\ 12.9 \\ \hline 15.5 \end{array}$$

応用問題

①
$$\begin{array}{r} 563.65 \\ +\ 125.9 \\ \hline 689.55 \end{array}$$

②
$$\begin{array}{r} 4.721 \\ +\ 67.456 \\ \hline 72.177 \end{array}$$

③
$$\begin{array}{r} 294.29 \\ -\ 134.5 \\ \hline 159.79 \end{array}$$

④
$$\begin{array}{r} 9.421 \\ -\ 6.891 \\ \hline 2.53\not{0} \end{array}$$

PART 3

整数のかけ算と割り算

学力レベル ▸▸▸ **小2〜4年**

ここが重要!!

4×3と3×4は一見同じようだが、実は違うもの。たとえば、4人乗りの車が3台と3人乗りの車が4台では意味がまるで違います。

まずは九九の表を思い出してください。

	1	2	3	4	5	6	7	8	9
1	1	2	3	4	5	6	7	8	9
2	2	4	6	8	10	12	14	16	18
3	3	6	9	12	15	18	21	24	27
4	4	8	12	16	20	24	28	32	36
5	5	10	15	20	25	30	35	40	45
6	6	12	18	24	30	36	42	48	54
7	7	14	21	28	35	42	49	56	63
8	8	16	24	32	40	48	56	64	72
9	9	18	27	36	45	54	63	72	81

左の表でたとえば12に注目してください。4×3を図表に示すと下のようになります。

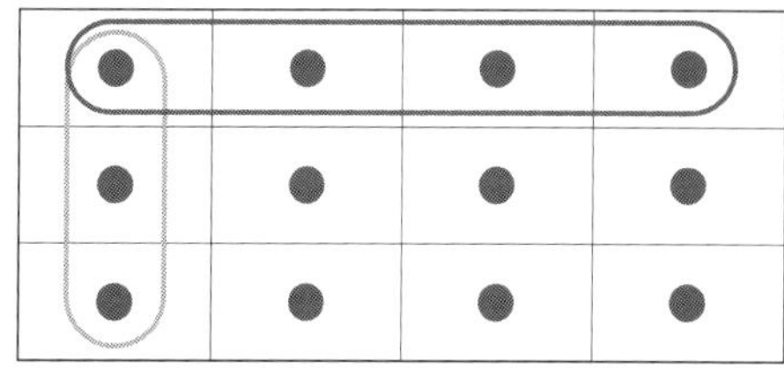

これは4つのまとまりが3つあれば12になるということ。すなわち4×3＝12。同様に3×4は3つのまとまりが4つあることで12になるという意味です。また、この図表から12÷3は、12を3つのまとまりに分けると4つあるといえます。

➡また、この図表を使えば、
3 ＝ 12 ÷ 4、4 ＝ 12 ÷ 3、12 ＝ 4 × 3
が瞬時に出てくるので、便利です。

割り算の基本は以下の通りです。

9	÷	4	＝	2	余り	1
割られる数		割る数		商		余り

※「余り」は必ず「割る数」より小さくなります。

かけ算の筆算をしてみましょう。キーワードは「繰り上げて足す」です。

●38×4の筆算は以下の方法で行います。

```
  38
×  4
----
 152
```

4×8＝32
2を書き、
3を繰り上げます。
4×3＋3＝15となります。

●52×86の筆算は以下の方法で行います。

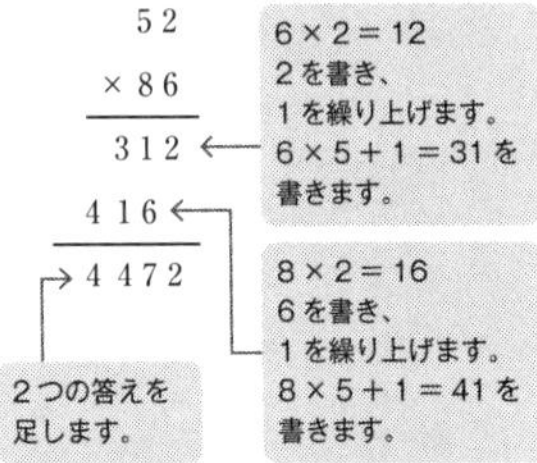

割り算の基本は　商・かける → 引く・おろすです。

●89÷3の筆算は以下の方法で行います。

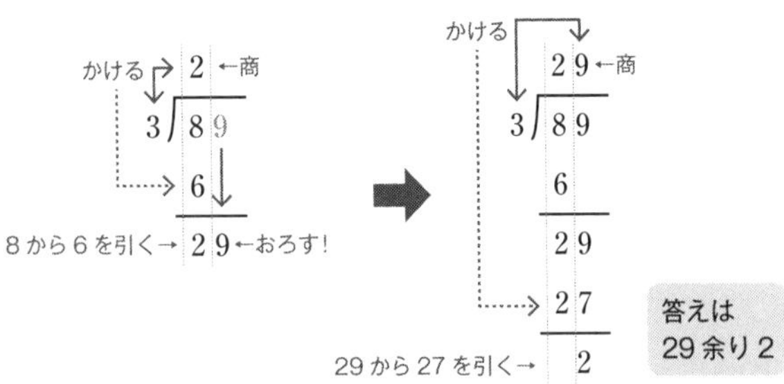

演習

※③④は商を一の位まで求めて、
余りも求めてください。

① $\begin{array}{r} 72 \\ \times\ \ 3 \\ \hline \end{array}$

② $\begin{array}{r} 42 \\ \times\ 32 \\ \hline \end{array}$

③ $34 \overline{)731}$

④ $16 \overline{)87}$

答え：①216　②1344　③21余り17　④5余り7

解いた日　　月　　日
タイム　　分　　秒

練習ドリル

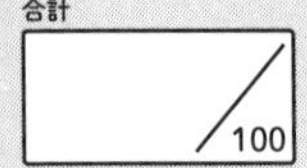

基本問題　計算してください。　（目標3分／各10点）

※割り算は商を１の位まで求めて、余りがあれば余りも求めましょう。

① $\begin{array}{r} 25 \\ \times\ 46 \\ \hline \end{array}$

② $\begin{array}{r} 72 \\ \times\ 16 \\ \hline \end{array}$

③ $\begin{array}{r} 195 \\ \times\ \ 36 \\ \hline \end{array}$

④ $\begin{array}{r} 250 \\ \times\ 300 \\ \hline \end{array}$

⑤ $28\overline{)468}$

⑥ $92\overline{)5966}$

キーワードは“ゼロ以外の部分はたてにそろえて計算”

例）520 × 200

① 0 以外の部分をたてにそろえて書く

```
   52|0
×   2|00
```

② 52 × 2 を先に計算

```
   52|0
×   2|00
--------
  104|
```

③ 0 を下におろす

```
   52|0
×   2|00
--------
  104|000
```

応用問題　チャレンジしましょう。　（目標2分／各10点）

※割り算は商を１の位まで求めて、余りがあれば余りも求めましょう。

① 609×48

② 251×365

③ $2385 \div 53$

④ $7968 \div 486$

解答

基本問題

①
```
   25
 ×46
  150
 100
 1150
```

②
```
   72
 ×16
  432
  72
 1152
```

③
```
   195
 ×  36
  1170
  585
  7020
```

④
```
   250
 ×  300
   75000
```

⑤
```
       16
  28)468
     28
     188
     168
      20
```

⑥
```
        64
  92)5966
     552
      446
      368
       78
```

応用問題

①
```
   609
 ×  48
  4872
 2436
 29232
```

②
```
   251
 × 365
  1255
 1506
 753
 91615
```

③
```
        45
  53)2385
     212
      265
      265
        0
```

④
```
         16
  486)7968
      486
      3108
      2916
       192
```

PART 4

小数のかけ算と割り算

学力レベル ››› **小4〜5年**

ここが重要!!

小数のかけ算のポイントは、小数点より下のけた数の合計で小数点を打つことです。割り算のポイントは、割る数が小数のとき、10、100などをかけて割る数を整数にすることです。

小数点より下のけた数とは?

たとえば、**8.56** では、小数点より下のけた数は ………………… 2
7.842 では、小数点より下のけた数は ……………… 3
3.7638 では、小数点より下のけた数は …………… 4　　になります。

また、**57347** に小数点より下のけた数が1になるように小数点を打つと、**5734.7** となり、小数点より下のけた数が2になるように小数点を打つと、**573.47** となります。

小数のかけ算の方法は以下の通りです。

例 7.3 × 5 の場合

```
   7.3 …… 1けた
×   5
─────
  36.5 …… 1けた
```

●最初に、整数と同じように 73 × 5 = 365 と計算します。
● 7.3、5 のそれぞれの小数点より下のけた数は 1、0 なので、1 + 0 = 1 となり、小数点より下のけた数が 1 になるように積(かけ算の答えのこと)に小数点を打つと、答えは 36.5 となります。

小数のかけ算を理解するためのポイント

●小数のかけ算では小数点の右にあるけた数の合計だけ、答えの小数点を左にずらします。

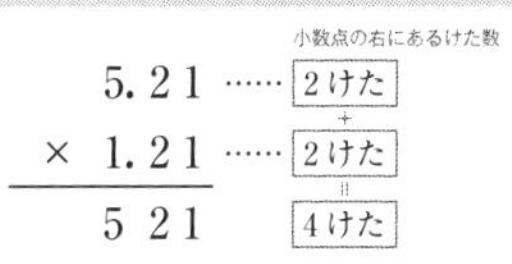

小数の割り算の方法は以下の通りです。

例1 4.2 ÷ 6の計算

```
    0.7
6 ) 4.2
    4 2
      0
```

最初に、商の小数点を割られる数の4.2に合わせて打ち、そのあと整数と同じように42 ÷ 6を計算して、0.7という答えを導きます。

例2 5.5 ÷ 3の計算（商は小数第一位まで求めて、余りも求めなさい）

```
    1.8
3 ) 5.5
    3
    2 5
    2 4
    0.1
```

最初に、商の小数点を割られる数の5.5に合わせて打ち、そのあと整数と同じように55 ÷ 3の計算をして、1.8余り0.1という答えを導きます。余りはもとの割られる数の小数点に合わせて打ちます。

小数で割る割り算の方法は以下の通りです。

例1 3.72 ÷ 0.6 の計算

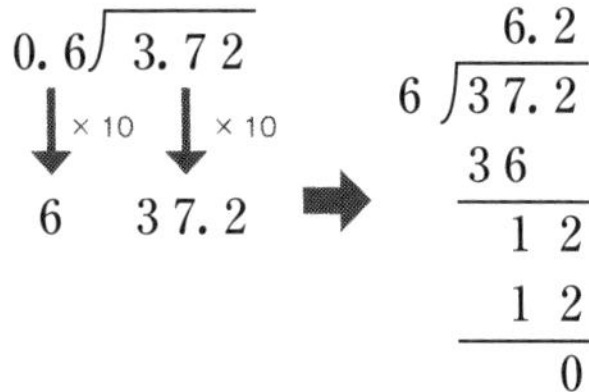

割る数 × 10（× 100）……で、割る数を整数にします。割られる数も × 10（× 100）……にします。
3.72 ÷ 0.6 では、割る数 0.6 を × 10 で整数 6 に、割られる数 3.72 も × 10 して 37.2。結局、37.2 ÷ 6 を計算し、答えは 6.2 になります。

例2 6.2 ÷ 0.7 の計算（商は一の位まで求めて、余りも求めなさい）

0.7) 6.2
× 10　× 10
7　62

8
7)6.2
56
0.6

割る数と割られる数にそれぞれ 10 をかけ、62 ÷ 7 を計算します。余りはもとの割られる数の小数点に合わせて打つので、0.6 となります。

演習

※⑤ ⑥ の商は小数第一位まで求めて余りがあれば、余りも求めてください。

① 0.34 × 8

② 43 × 7.2

③ 5.12 × 3.7

④ 51.6 ÷ 6

⑤ 53.7 ÷ 7

⑥ 31.3 ÷ 0.6

答え：① 2.72　② 309.6　③ 18.944　④ 8.6　⑤ 7.6 余り 0.5
⑥ 52.1 余り 0.04

解いた日　　月　日
タイム　　分　秒

練習ドリル

合計　　／100

基本問題 計算してください。（目標3分／各5点）

※割り算は商を1の位まで求めて、余りがあれば余りも求めましょう。

① 0.39×8

② 93×5.4

③ 72×0.26

④ 473×8.9

⑤ $7\overline{)4.9}$

⑥ $0.8\overline{)0.56}$

⑦

$0.02 \overline{) 9.554}$

⑧

$5.41 \overline{) 7.231}$

<小数÷小数>の筆算の小数点の動かし方

（例 1）

$4.2 \overline{) 50.54}$ ➡ $4.2. \overline{) 50.5.4}$

①　①

（例 2）

$0.25 \overline{) 5.04}$ ➡ $0.25. \overline{) 5.04.}$

①②　①②

※割る数の小数点を右にずらしたけた数と同じ数だけ、割られる数の小数点を右にずらすのがポイント！

応用問題 チャレンジしましょう。 （目標2分／各15点）

① 9.469×0.13

② 0.56×9.645

③ $124.89 \div 6.9$

④ $3.238 \div 0.02$

解答

基本問題

①
```
  0.39
×    8
------
  3.12
```

②
```
    93
 × 5.4
------
   372
  465
------
 502.2
```

③
```
     72
× 0.26
------
   432
  144
------
 18.72
```

④
```
   473
 × 8.9
------
  4257
 3784
------
4209.7
```

⑤
```
     0.7
  ------
7 ) 4.9
    4 9
    ---
      0
```

⑥
```
         0.7
     -------
0.8 ) 0.56
        56
      ----
         0
```

⑦
```
          477.7
      ---------
0.02 ) 9.554
       8
       -----
       15
       14
       -----
        15
        14
        ----
         14
         14
         ---
          0
```

⑧
```
            1.3
      ---------
5.41 ) 7.231
       541
       -----
       1821
       1623
       -----
       0.198
```

応用問題

①
```
   9.469
×   0.13
--------
   28407
  9469
--------
 1.23097
```

②
```
    0.56
 × 9.645
--------
     280
    224
   336
  504
--------
 5.40120
```

③
```
           18.1
     ----------
6.9 ) 124.89
       69
      ------
       558
       552
      ------
         69
         69
        ----
          0
```

④
```
          161.9
      ---------
0.02 ) 3.238
       2
       -----
       12
       12
       -----
         3
         2
        ----
        18
        18
        ----
         0
```

PART 5

公約数と公倍数

学力レベル ▸▸▸ 小5年

ここが重要!!

“約数”とは

ある整数を割り切ることのできる整数です。

たとえば、「12の約数」は、「1、2、3、4、6、12」となります。

“公約数”とは、ある数の約数で、かつ、別の数の約数にもなっている数のことです。たとえば、「12と16の公約数」は「1、2、4」となります。ここで、“最大公約数”について、簡単な求め方を示します。12と16を例にしてみます。

1 まず、2つの数を並べます。

12　16

2 以下のような線をひき、2つとも割り切れる一番小さな数で割ります。

2) 12　16
　　⑥　⑧

3 同じようにもう一度割ります。

2) 12　16
2) 6　8
　　③　④

4 割り切れなくなったら、2×2と割った数をかけます。すると最大公約数がわかります。

2) 12　16
2) 6　8
　　3　4

→ 2 × 2 = 4

“倍数”とは

ある整数に1、2、3、……をかけてできる数をその数の倍数といいます（これは約数と違い無限にあります)。

たとえば「3の倍数」は「3、6、9、12、15、18、……」となります。

“公倍数”とはある整数の倍数で、かつ、別の整数の倍数にもなっている数のことです。たとえば、「2と3の公倍数」は「6、12、18、24、……」となります。
ここで、“最小公倍数”について、簡単な求め方を示します。12と16を例にします。

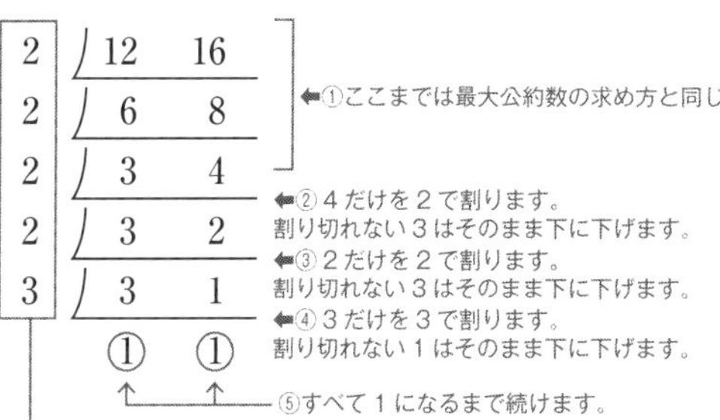

→ 2 × 2 × 2 × 2 × 3
= 16 × 3 = 48　と最小公倍数が求められます。

公約数・公倍数を理解するためのポイント

公約数のうち、もっとも大きい数 → 「最大公約数」
公倍数のうち、もっとも小さい数 → 「最小公倍数」

両方を混同しないようにする！

公倍数を小さいほうから□個並べてください
↓
最小公倍数を求めて、それに
順次1、2、3、……、□をかけていく

演習

(1) 次の数の組の最大公約数を求めてください。

① 18 と 24

② 27 と 90

③ 12 と 60

(2) 次の数の組の公倍数を小さいほうから 3 つ答えてください。

① 2 と 7

② 4 と 6

③ 10 と 15

答え：(1) ① 6　② 9　③ 12　(2) ① 14、28、42　② 12、24、36　③ 30、60、90

解いた日　月　日

タイム　分　秒

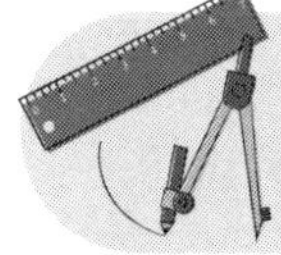

練習ドリル

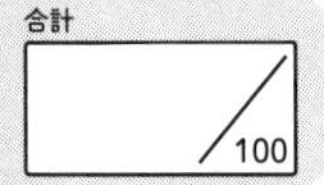

基本問題

（目標3分／各5点）

(1) 次の数の約数を全部書いてください。

① 16　　② 28

③ 48　　④ 56

⑤ 65　　⑥ 99

(2) 次の数の組の最小公倍数を答えてください。

① 18 と 30　　② 24 と 32

応用問題 チャレンジしましょう。 (目標2分／各15点)

(1) 次の数の組の最大公約数を求めてください。

① 16 と 24　　② 18 と 30

(2) 次の数の組の公倍数を小さいほうから3つ答えてください。

① 12 と 15　　② 16 と 20

解答

基本問題

(1)

① (1、2、4、8、16)

② (1、2、4、7、14、28)

③ (1、2、3、4、6、8、12、16、24、48)

④ (1、2、4、7、8、14、28、56)

⑤ (1、5、13、65)

⑥ (1、3、9、11、33、99)

(2)

①

$$
\begin{array}{r|rr}
2 & 18 & 30 \\ \hline
3 & 9 & 15 \\ \hline
3 & 3 & 5 \\ \hline
5 & 1 & 5 \\ \hline
 & 1 & 1
\end{array}
$$

$2 \times 3 \times 3 \times 5 = \underline{90}$

②

$$
\begin{array}{r|rr}
2 & 24 & 32 \\ \hline
2 & 12 & 16 \\ \hline
2 & 6 & 8 \\ \hline
2 & 3 & 4 \\ \hline
2 & 3 & 2 \\ \hline
3 & 3 & 1 \\ \hline
 & 1 & 1
\end{array}
$$

$2 \times 2 \times 2 \times 2 \times 2 \times 3 = \underline{96}$

応用問題

(1)

①

$$\begin{array}{r|rr} 2 & 16 & 24 \\ \hline 2 & 8 & 12 \\ \hline 2 & 4 & 6 \\ \hline & 2 & 3 \end{array}$$

$2 \times 2 \times 2 = \underline{8}$

②

$$\begin{array}{r|rr} 2 & 18 & 30 \\ \hline 3 & 9 & 15 \\ \hline & 3 & 5 \end{array}$$

$2 \times 3 = \underline{6}$

(2)（まず最小公倍数を求めます）

①

$$\begin{array}{r|rr} 3 & 12 & 15 \\ \hline 2 & 4 & 5 \\ \hline 2 & 2 & 5 \\ \hline 5 & 1 & 5 \\ \hline & 1 & 1 \end{array}$$

$3 \times 2 \times 2 \times 5$

$= 60$ なので、

<u>60、120、180</u>

②

$$\begin{array}{r|rr} 2 & 16 & 20 \\ \hline 2 & 8 & 10 \\ \hline 2 & 4 & 5 \\ \hline 2 & 2 & 5 \\ \hline 5 & 1 & 5 \\ \hline & 1 & 1 \end{array}$$

$2 \times 2 \times 2 \times 2 \times 5$

$= 80$ なので、

<u>80、160、240</u>

PART 6

分数の足し算と引き算

学力レベル ▸▸▸ **小3〜5年**

ここが重要!!

分母が同じ分数の足し算は分母はそのままにして分子を足しましょう。一方、分母が違う分数の足し算は、まず**通分**をしましょう。

分母が同じ分数の足し算

分子 ― 分母 ―

$\frac{2}{5}+\frac{1}{5}$ では、分母はそのままで分子どうしを足して

$\frac{2}{5}+\frac{1}{5}=\frac{3}{5}$ となります。

では、$1\frac{2}{5}+3\frac{1}{5}$ のような場合はどうすればいいでしょうか。

まずは整数部分を足して、$1+3=4$、

分数部分を足して、$\frac{2}{5}+\frac{1}{5}=\frac{3}{5}$

したがって、$1\frac{2}{5}+3\frac{1}{5}=4\frac{3}{5}$ になります。

● 答えが、$\frac{5}{5}$ や $\frac{13}{5}$ のような仮分数（かぶんすう）※1 になったときは、それぞれ1のような整数や $2\frac{3}{5}$ のような帯分数（たいぶんすう）※2 になおします。

※1　分子と分母が同じか、あるいは分子が分母よりも大きい分数。

※2　整数と、分子が分母より小さい分数の和で表された分数。

たとえば、$\frac{9}{4}$ を帯分数になおすには、

余り

$9 \div 4 = \boxed{2}$ 余り ①より　$\frac{9}{4} = 2\frac{1}{4}$としします。

商

$\frac{8}{2}$ の場合、$8 \div 2 = \boxed{4}$ より　割り切れるため $\frac{8}{2} = 4$ となります。

商

実際に計算してみると、

$\frac{4}{5} + \frac{7}{5} = \frac{11}{5} = 2\frac{1}{5}$　　$3\frac{5}{7} + 2\frac{3}{7} = 5\boxed{\frac{8}{7}} = 6\frac{1}{7}$　　$1\frac{1}{7}$のこと！

となります。

分母が違う分数の足し算では、通分と約分がポイントになります。

約分とは分子と分母をそれらの公約数で割って、分母がもっとも小さい分数にすることです。

たとえば、$\frac{42}{56}$ を約分すると、

÷2　÷7

$\frac{42}{56} = \frac{21}{28} = \frac{3}{4}$ となります。

÷2　÷7

通分ですが、これは分母の違う分数の分母をそろえるためのテクニックで、最小公倍数を利用します。

P.40 ～ 42 を参照

たとえば、$\frac{1}{2}$ と $\frac{2}{3}$ を通分するためには、
分母2と分母3の最小公倍数である6を分母とする分数に変える必要があります。

そのためには、$\frac{1}{2}$ の分母と分子に3を、
$\frac{2}{3}$ の分母と分子に2をかけます。

$$\frac{1}{2}=\frac{1\times3}{2\times3}=\frac{3}{6}$$

$$\frac{2}{3}=\frac{2\times2}{3\times2}=\frac{4}{6}$$

実際に計算してみると、

例）$\frac{3}{5}+\frac{1}{3}$ を計算してみましょう。
まず分母を5と3の最小公倍数の15にします。そのためには

$\frac{3}{5}$ ←分母と分子に3をかける

$\frac{1}{3}$ ←分母と分子に5をかける

➡ $\frac{3}{5}+\frac{1}{3}=\frac{3\times3}{5\times3}+\frac{1\times5}{3\times5}=\frac{9}{15}+\frac{5}{15}=\frac{14}{15}$ …… 答え

演習

計算してください。

① $\frac{2}{3}+\frac{1}{4}$

② $\frac{1}{6}+\frac{2}{7}$

③ $2\frac{1}{5}+1\frac{3}{10}$

④ $3\frac{5}{9}+2\frac{2}{9}$

⑤ $\frac{7}{12}+\frac{1}{4}$

⑥ $\frac{1}{6}+\frac{4}{9}$

答え：① $\frac{11}{12}$　② $\frac{19}{42}$　③ $3\frac{1}{2}$　④ $5\frac{7}{9}$　⑤ $\frac{5}{6}$　⑥ $\frac{11}{18}$

ここが重要!!

分数の引き算の場合は基本的に分数の足し算のやり方に準じますが、

$1\frac{2}{5} - \frac{3}{5}$ のようにそのまま引けない場合は「繰り下げ」を使います。

まず、$3\frac{2}{3} - 2\frac{1}{2}$ を見てみましょう。

整数部分は3 − 2 = 1、

分数部分は $\overset{\times 2}{\frac{2}{3}} - \overset{\times 3}{\frac{1}{2}} = \frac{4}{6} - \frac{3}{6} = \frac{1}{6}$

（$\frac{2}{3}$ と $\frac{1}{2}$ を通分）

したがって $3\frac{2}{3} - 2\frac{1}{2} = 1\frac{1}{6}$ となります。

$1\frac{2}{5}-\frac{3}{5}$の場合、$\frac{2}{5}$から$\frac{3}{5}$は引けません。

そこで「繰り下げ」の出番となります。

$1=\frac{5}{5}$を利用して、

$$1\frac{2}{5}=1+\frac{2}{5}=\frac{5}{5}+\frac{2}{5}=\frac{7}{5}$$

整数部分が1から0になった！

とします。これが「繰り下げ」です。

整理すると、$1\frac{2}{5}-\frac{3}{5}=\frac{7}{5}-\frac{3}{5}=\frac{4}{5}$ です。

では、最後に次の問題で確認してみましょう。

例 $3\frac{1}{6}-1\frac{3}{8}$を計算してください。

$$3\frac{1}{6}-1\frac{3}{8}=3\boxed{\frac{4}{24}}-1\boxed{\frac{9}{24}}=②\frac{28}{24}-1\frac{9}{24}=1\frac{19}{24}$$

通分する

そのままでは引けないので繰り下げる

3→2 と繰り下げた

解いた日　　月　日

タイム　　分　秒

練習ドリル

合計　　/100

基本問題　計算してください。　（目標3分／各15点）

① $\frac{2}{3}+\frac{1}{3}$　　② $\frac{1}{3}+\frac{1}{5}$

③ $4\frac{3}{4}-2\frac{1}{4}$　　④ $2\frac{5}{8}-\frac{1}{7}$

応用問題　チャレンジしましょう。　（目標2分／各20点）

① $4\frac{1}{10}+2\frac{1}{5}$　　② $6\frac{1}{7}-2\frac{1}{3}$

解答

基本問題

① $\frac{2}{3}+\frac{1}{3}=\frac{3}{3}=1$

② $\frac{1}{3}+\frac{1}{5}=\frac{5}{15}+\frac{3}{15}=\frac{8}{15}$

③ $4\frac{3}{4}-2\frac{1}{4}=2\frac{2}{4}=2\frac{1}{2}$

④ $2\frac{5}{8}-\frac{1}{7}=2\frac{35}{56}-\frac{8}{56}=2\frac{27}{56}$

応用問題

① $4\frac{1}{10}+2\frac{1}{5}=4\frac{1}{10}+2\frac{2}{10}=6\frac{3}{10}$

② $6\frac{1}{7}-2\frac{1}{3}=6\frac{3}{21}-2\frac{7}{21}=5\frac{24}{21}-2\frac{7}{21}=3\frac{17}{21}$

PART 7

分数のかけ算

学力レベル ▸▸▸ 小5〜6年

ここが重要!!

“分数と整数のかけ算”と“分数どうしのかけ算”では、途中で約分できるときは約分する。

分数と整数のかけ算のとき

分子に整数をかけます。そして、計算の結果が仮分数になったときは、それを帯分数にします。また、途中で約分できるときは約分します。

たとえば、$\frac{1}{3}\times 2$の場合は $\frac{1}{3}\times 2 = \frac{1\times 2}{3} = \frac{2}{3}$

では、次のパターンです。

$\frac{2}{5}\times 4 = \frac{2\times 4}{5} = \frac{8}{5} = 1\frac{3}{5}$ ←

仮分数を帯分数にします。
$8\div 5 = 1$余り3より
$\frac{8}{5} = 1\frac{3}{5}$

次は途中で約分できるパターンです。

$\frac{1}{8}\times 8 = \frac{1\times \cancel{8}^{1}}{\cancel{8}_{1}} = \frac{1}{1} = 1$

帯分数と整数のかけ算

帯分数を仮分数にします。

たとえば、$2\frac{1}{6}\times 4$を計算するとき

$\boxed{2\frac{1}{6}}\times 4 = \boxed{\frac{13}{6}}\times 4 = \frac{13\times \cancel{4}^{2}}{{}_{3}\cancel{6}} = \boxed{\frac{26}{3}} = \boxed{8\frac{2}{3}}$

帯分数を仮分数に
分子は、6 × 2 + 1

仮分数を帯分数に

分数のかけ算を理解するためのポイント

※分数のかけ算では、途中で約分をするようにしましょう。途中で約分してからかけるほうがミスなく素早く計算できるからです。

演習 計算してください。

① $\frac{1}{4} \times 5$

② $\frac{3}{4} \times 7$

③ $\frac{5}{64} \times 8$

答え：

① $\frac{1}{4} \times 5 = \frac{1 \times 5}{4} = \frac{5}{4} = 1\frac{1}{4}$

② $\frac{3}{4} \times 7 = \frac{3 \times 7}{4} = \frac{21}{4} = 5\frac{1}{4}$

③ $\frac{5}{64} \times 8 = \frac{5 \times \cancel{8}^{1}}{\cancel{64}_{8}} = \frac{5}{8}$

次は分数どうしのかけ算です。

例） $\dfrac{2}{7} \times \dfrac{1}{3} = \boxed{\dfrac{2 \times 1}{7 \times 3}} = \dfrac{2}{21}$

└ 分母どうし、分子どうしをかけます

例） $\dfrac{4}{7} \times \dfrac{3}{28} = \dfrac{\overset{1}{\cancel{4}} \times 3}{7 \times \underset{7}{\cancel{28}}} = \dfrac{3}{49}$

↑ 途中で約分できるときは約分する

演習

計算してください。

① $\dfrac{2}{49} \times \dfrac{7}{9}$

② $1\dfrac{1}{4} \times \dfrac{2}{5}$

③ $\dfrac{1}{10} \times 1\dfrac{1}{3}$

④ $\dfrac{3}{14} \times \dfrac{7}{18}$

答え：

① $\frac{2}{49} \times \frac{7}{9} = \frac{2 \times \cancel{7}^{1}}{{}_{7}\cancel{49} \times 9} = \frac{2}{63}$

② $1\frac{1}{4} \times \frac{2}{5} = \frac{5}{4} \times \frac{2}{5} = \frac{{}^{1}\cancel{5} \times \cancel{2}^{1}}{{}_{2}\cancel{4} \times \cancel{5}_{1}} = \frac{1}{2}$

③ $\frac{1}{10} \times 1\frac{1}{3} = \frac{1}{10} \times \frac{4}{3} = \frac{1 \times \cancel{4}^{2}}{{}_{5}\cancel{10} \times 3} = \frac{2}{15}$

④ $\frac{3}{14} \times \frac{7}{18} = \frac{{}^{1}\cancel{3} \times \cancel{7}^{1}}{{}_{2}\cancel{14} \times \cancel{18}_{6}} = \frac{1}{12}$

解いた日　　月　　日
タイム　　分　　秒

練習ドリル

合計　　/100

基本問題　計算してください。　（目標3分／各5点）

① $\frac{3}{8} \times 2$

② $\frac{3}{7} \times 3$

③ $\frac{2}{49} \times 7$

④ $3\frac{3}{4} \times 5$

⑤ $4\frac{7}{9} \times 27$

⑥ $\frac{1}{2} \times \frac{2}{3}$

⑦ $1\frac{4}{5} \times \frac{2}{9}$

⑧ $\frac{1}{2} \times \frac{2}{3} \times \frac{1}{4}$

応用問題　チャレンジしましょう。　（目標2分／各15点）

① $2\frac{2}{9} \times 2\frac{3}{5}$

② $\frac{3}{7} \times 4\frac{2}{3} \times \frac{1}{6}$

③ $3 \times \frac{2}{9} \times \frac{3}{13}$

④ $4\frac{1}{3} \times 5\frac{2}{5} \times 2\frac{1}{2}$

3つ以上の分数を
かけるときも基本は同じ！
例）$\frac{1}{4} \times \frac{2}{5} \times \frac{3}{7} = \frac{1}{\cancel{4}_2} \times \frac{\cancel{2}^1}{5} \times \frac{3}{7} = \frac{3}{70}$

解答

基本問題

① $\dfrac{3}{8}\times 2=\dfrac{3\times \cancel{2}^{1}}{\cancel{8}_{4}}=\dfrac{3}{4}$

② $\dfrac{3}{7}\times 3=\dfrac{3\times 3}{7}=\dfrac{9}{7}=1\dfrac{2}{7}$

③ $\dfrac{2}{49}\times 7=\dfrac{2\times \cancel{7}^{1}}{\cancel{49}_{7}}=\dfrac{2}{7}$

④ $3\dfrac{3}{4}\times 5=\dfrac{15}{4}\times 5=\dfrac{15\times 5}{4}=\dfrac{75}{4}=18\dfrac{3}{4}$

⑤ $4\dfrac{7}{9}\times 27=\dfrac{43\times \cancel{27}^{3}}{\cancel{9}_{1}}=129$

⑥ $\dfrac{1}{2}\times\dfrac{2}{3}=\dfrac{1\times \cancel{2}^{1}}{{}_{1}\cancel{2}\times 3}=\dfrac{1}{3}$

⑦ $1\dfrac{4}{5}\times\dfrac{2}{9}=\dfrac{{}^{1}\cancel{9}\times 2}{5\times \cancel{9}_{1}}=\dfrac{2}{5}$

⑧ $\dfrac{1}{2}\times\dfrac{2}{3}\times\dfrac{1}{4}=\dfrac{1\times \cancel{2}^{1}\times 1}{{}_{1}\cancel{2}\times 3\times 4}=\dfrac{1}{12}$

応用問題

① $2\frac{2}{9}\times 2\frac{3}{5}=\frac{20}{9}\times\frac{13}{5}=\frac{\overset{4}{\cancel{20}}\times 13}{9\times\underset{1}{\cancel{5}}}$

$=\frac{52}{9}=5\frac{7}{9}$

② $\frac{3}{7}\times 4\frac{2}{3}\times\frac{1}{6}=\frac{3}{7}\times\frac{14}{3}\times\frac{1}{6}$

$=\frac{\overset{1}{\cancel{3}}\times\overset{\overset{1}{\cancel{2}}}{\cancel{14}}\times 1}{\underset{1}{\cancel{7}}\times\underset{1}{\cancel{3}}\times\underset{3}{\cancel{6}}}=\frac{1}{3}$

③ $3\times\frac{2}{9}\times\frac{3}{13}=\frac{\overset{1}{\cancel{3}}\times 2\times\overset{1}{\cancel{3}}}{\underset{\underset{1}{\cancel{3}}}{\cancel{9}}\times 13}=\frac{2}{13}$

④ $4\frac{1}{3}\times 5\frac{2}{5}\times 2\frac{1}{2}=\frac{13}{3}\times\frac{27}{5}\times\frac{5}{2}$

$=\frac{13\times\overset{9}{\cancel{27}}\times\overset{1}{\cancel{5}}}{\underset{1}{\cancel{3}}\times\underset{1}{\cancel{5}}\times 2}=\frac{117}{2}=58\frac{1}{2}$

PART 8

分数の割り算

学力レベル ▸▸▸ 小5〜6年

分数の割り算は、分数の分母と分子をひっくり返してかけます。
→逆数のかけ算を行う。

逆数とは分数の分母と分子をひっくり返したものです。

たとえば $\frac{3}{4}$ の逆数は $\frac{4}{3}$ になります。

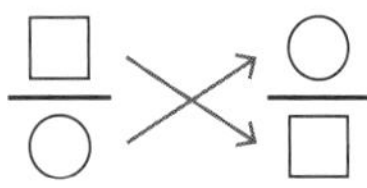

逆数

$$\frac{3}{4} \to \frac{4}{3}$$

演習

次の逆数を答えてください。

① $\frac{2}{5}$　② $4\frac{2}{3}$　③ $\frac{1}{4}$　④ 7

答え：

① $\frac{5}{2}$ $\left(\text{または } 2\frac{1}{2}\right)$

② $4\frac{2}{3}$ を仮分数になおすと $\frac{14}{3}$、$\frac{14}{3}$の逆数は $\frac{3}{14}$

③ $\frac{1}{4}$ の逆数は分母と分子をひっくり返した $\frac{4}{1}$、

$\frac{\text{整数}}{1}$ は整数に変換できるので、$\frac{4}{1} = 4$

④ 7は $\frac{7}{1}$ になおせるので、$\frac{7}{1}$ の分母と分子をひっくり返すと $\frac{1}{7}$

つまり、7の逆数は $\frac{1}{7}$となります。

逆数の作り方がわかったら実際に計算を行います。

たとえば、$\div\frac{3}{4}$ は$\times\frac{4}{3}$ に、$\div 5$ は$\times\frac{1}{5}$ にします。

つまり、$\frac{3}{5}\div\frac{2}{7}$ならば、

$$\frac{3}{5}\div\frac{2}{7} = \frac{3}{5}\times\frac{7}{2} = \frac{3\times 7}{5\times 2} = \frac{21}{10} = 2\frac{1}{10}$$

↑ $\div\frac{2}{7}$ を逆数のかけ算 $\times\frac{7}{2}$ に変えます

$\frac{1}{6}\div 5$ は、

$\frac{1}{6}\div 5 = \frac{1}{6}\times\frac{1}{5} = \frac{1\times 1}{6\times 5} = \frac{1}{30}$ となります。

↑ $\div 5$ を逆数のかけ算 $\times\frac{1}{5}$ に変えます

では、$\frac{2}{3} \div 3\frac{3}{5}$ はどうでしょうか。

$$\frac{2}{3} \div 3\frac{3}{5} = \frac{2}{3} \div \frac{18}{5} = \frac{2}{3} \times \frac{5}{18} = \frac{\overset{1}{\cancel{2}} \times 5}{3 \times \underset{9}{\cancel{18}}} = \frac{5}{27}$$

帯分数を仮分数にする　逆数のかけ算にする

演習

計算してください。

① $\frac{2}{7} \div \frac{5}{14}$

② $4\frac{2}{3} \div 3$

③ $\frac{1}{7} \div \frac{3}{14} \div \frac{1}{6}$

④ $2\frac{2}{5} \div \frac{1}{6} \div \frac{3}{10}$

答え：

① $\frac{2}{7} \div \frac{5}{14} = \frac{2}{7} \times \frac{14}{5} = \frac{2 \times \overset{2}{\cancel{14}}}{\underset{1}{\cancel{7}} \times 5} = \frac{4}{5}$

② $4\frac{2}{3} \div 3 = \frac{14}{3} \div 3 = \frac{14}{3} \times \frac{1}{3} = \frac{14 \times 1}{3 \times 3} = \frac{14}{9} = 1\frac{5}{9}$

③ $\frac{1}{7} \div \frac{3}{14} \div \frac{1}{6} = \frac{1 \times \overset{2}{\cancel{14}} \times \overset{2}{\cancel{6}}}{\underset{1}{\cancel{7}} \times \underset{1}{\cancel{3}} \times 1} = \frac{4}{1} = 4$

④ $2\frac{2}{5} \div \frac{1}{6} \div \frac{3}{10} = \frac{12}{5} \div \frac{1}{6} \div \frac{3}{10} = \frac{\overset{4}{\cancel{12}} \times 6 \times \overset{2}{\cancel{10}}}{\underset{1}{\cancel{5}} \times 1 \times \underset{1}{\cancel{3}}} = \frac{48}{1} = 48$

解いた日　　　月　　日
タイム　　　　分　　秒

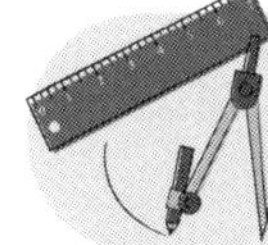

練習ドリル

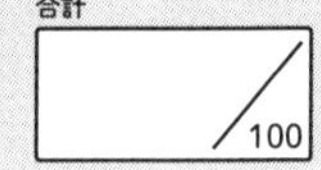

基本問題 計算してください。 (目標3分／各5点)

① $\frac{3}{4} \div \frac{1}{3}$

② $\frac{2}{7} \div \frac{5}{3}$

③ $\frac{7}{18} \div \frac{7}{8}$

④ $5\frac{3}{11} \div 2\frac{1}{44}$

⑤ $3 \div 2\frac{9}{10}$

⑥ $6\frac{3}{22} \div 2\frac{1}{44}$

⑦ $3\frac{1}{10} \div \frac{4}{25} \div \frac{3}{4}$

⑧ $\frac{1}{8} \div \frac{3}{4} \div \frac{4}{9}$

応用問題　チャレンジしましょう。（目標2分／各15点）

① $\frac{1}{6} \times 4\frac{3}{10} \div \frac{3}{4}$

② $\frac{1}{30} \div 3\frac{1}{5} \times \frac{2}{5}$

③ $2\frac{7}{12} \div 2 \div \frac{3}{4}$

④ $\frac{3}{5} \div \frac{1}{5} \div 3\frac{3}{20}$

解答

基本問題

① $\frac{3}{4}\div\frac{1}{3}=\frac{3\times3}{4\times1}=\frac{9}{4}=2\frac{1}{4}$

② $\frac{2}{7}\div\frac{5}{3}=\frac{2\times3}{7\times5}=\frac{6}{35}$

③ $\frac{7}{18}\div\frac{7}{8}=\frac{\overset{1}{\cancel{7}}\times\overset{4}{\cancel{8}}}{\underset{9}{\cancel{18}}\times\underset{1}{\cancel{7}}}=\frac{4}{9}$

④ $5\frac{3}{11}\div2\frac{1}{44}=\frac{58}{11}\div\frac{89}{44}=\frac{58\times\overset{4}{\cancel{44}}}{\underset{1}{\cancel{11}}\times89}=\frac{232}{89}=2\frac{54}{89}$

⑤ $3\div2\frac{9}{10}=3\times\frac{10}{29}=\frac{3\times10}{1\times29}=\frac{30}{29}=1\frac{1}{29}$

⑥ $6\frac{3}{22}\div2\frac{1}{44}=\frac{135}{22}\div\frac{89}{44}=\frac{135\times\overset{2}{\cancel{44}}}{\underset{1}{\cancel{22}}\times89}=\frac{270}{89}=3\frac{3}{89}$

⑦ $3\frac{1}{10}\div\frac{4}{25}\div\frac{3}{4}=\frac{31\times\overset{5}{\cancel{25}}\times\overset{1}{\cancel{4}}}{\underset{2}{\cancel{10}}\times\underset{1}{\cancel{4}}\times3}=\frac{155}{6}=25\frac{5}{6}$

⑧ $\frac{1}{8}\div\frac{3}{4}\div\frac{4}{9}=\frac{1\times\overset{1}{\cancel{4}}\times\overset{3}{\cancel{9}}}{8\times\underset{1}{\cancel{3}}\times\underset{1}{\cancel{4}}}=\frac{3}{8}$

応用問題

① $\frac{1}{6}\times4\frac{3}{10}\div\frac{3}{4}=\frac{1}{6}\times\frac{43}{10}\times\frac{4}{3}=\frac{1\times43\times\overset{1}{\cancel{\overset{2}{\cancel{4}}}}}{\underset{3}{\cancel{6}}\times\underset{5}{\cancel{10}}\times3}=\frac{43}{45}$

② $\frac{1}{30}\div3\frac{1}{5}\times\frac{2}{5}=\frac{1}{30}\div\frac{16}{5}\times\frac{2}{5}=\frac{1\times\overset{1}{\cancel{5}}\times\overset{1}{\cancel{2}}}{30\times\underset{8}{\cancel{16}}\times\underset{1}{\cancel{5}}}=\frac{1}{240}$

③ $2\frac{7}{12}\div2\div\frac{3}{4}=\frac{31\times1\times\overset{1}{\cancel{4}}}{\underset{3}{\cancel{12}}\times2\times3}=\frac{31}{18}=1\frac{13}{18}$

④ $\frac{3}{5}\div\frac{1}{5}\div3\frac{3}{20}=\frac{3}{5}\times\frac{5}{1}\times\frac{20}{63}=\frac{\overset{1}{\cancel{3}}\times\overset{1}{\cancel{5}}\times20}{\underset{1}{\cancel{5}}\times1\times\underset{21}{\cancel{63}}}=\frac{20}{21}$

PART 9

三角形・四角形の面積

学力レベル ▸▸▸ 小4~5年

ここが重要!!

平行四辺形、台形、三角形は、長方形の面積の公式を応用することで求められます。

(1) 長方形の面積＝たて×横

たて 3cm

横 5cm

→ $3 \times 5 = 15(\text{cm}^2)$

(2) 平行四辺形の面積＝底辺×高さ

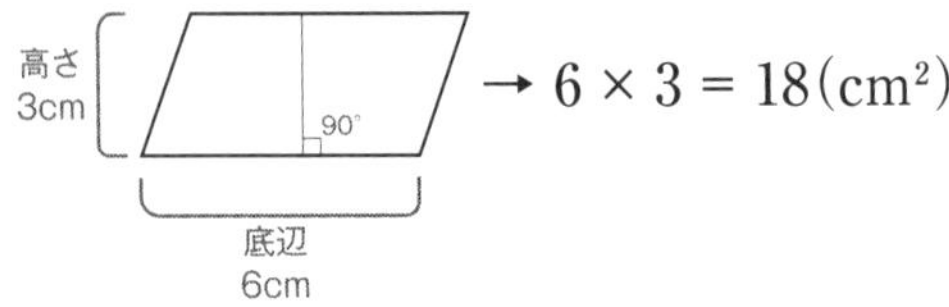

→ $6 \times 3 = 18(\text{cm}^2)$

色のついた部分を左図のように移動させると長方形になります。

四角形の面積を理解するためのポイント

※長方形とは、4つの内角（内側の角）がすべて直角（90°）である四角形。

※平行四辺形とは、向かい合う2組の辺が平行である四角形。

※台形とは、向かい合う1組の辺が平行である四角形。

(3) **台形の面積＝(上底＋下底)×高さ÷2**

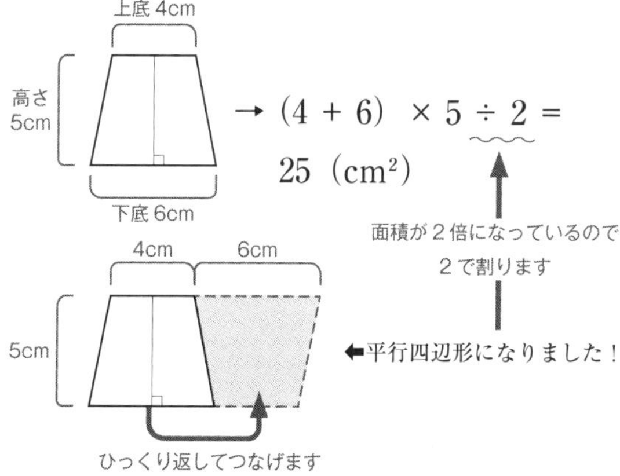

(4) **三角形の面積＝底辺×高さ÷２**

→ 6 × 4 ÷ 2 ＝ 12（cm^2）

台形のときと同じ

⬅やっぱり平行四辺形！

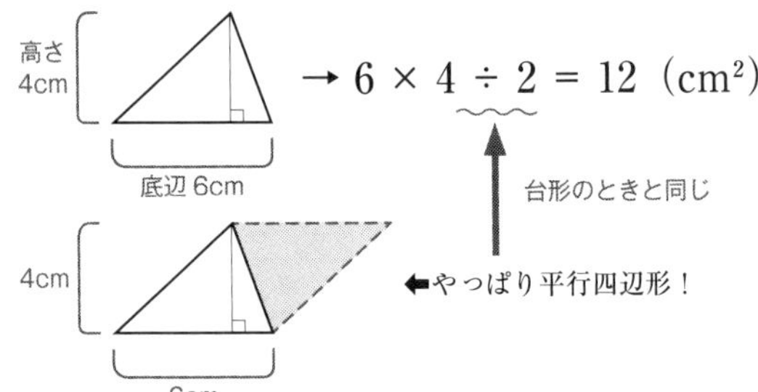

演習

図形の面積を求めてください。

①三角形　②台形　③平行四辺形

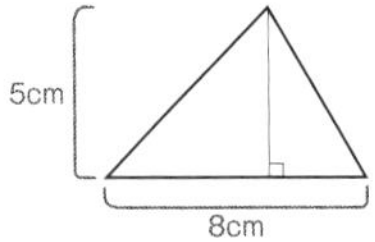

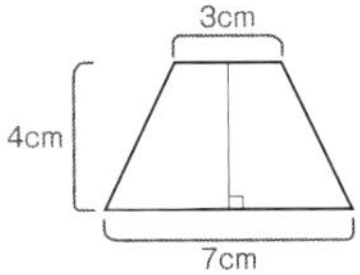

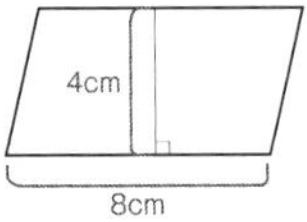

答え：① 20cm^2　② 20cm^2　③ 32cm^2

練習ドリル

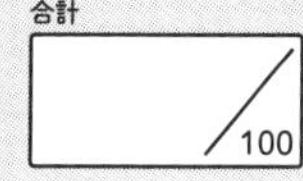

基本問題 面積を計算してください。（目標3分／各10点）

①長方形

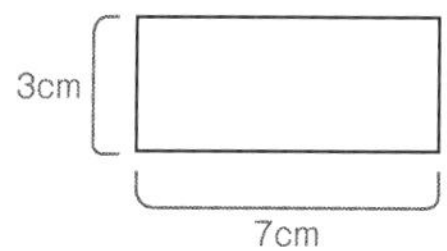

②平行四辺形

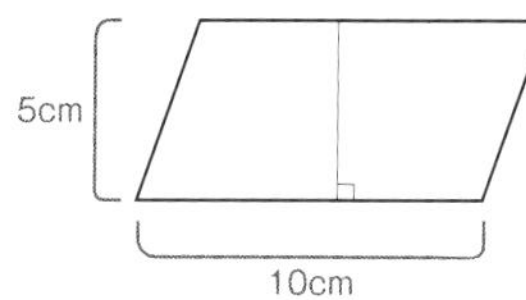

③台形

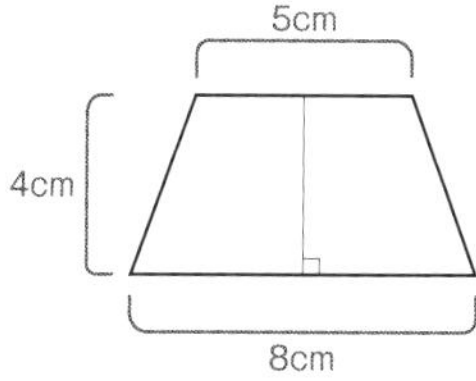

④三角形

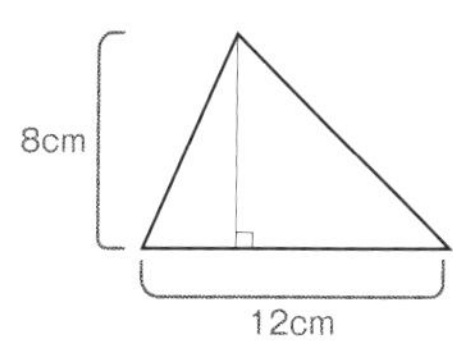

どの図形に何の公式が当てはまるかをしっかり見極めるのが大切です。

応用問題 **チャレンジしましょう。** （目標2分／各15点）

□に入る数を求めてください。

①長方形（面積36cm²）

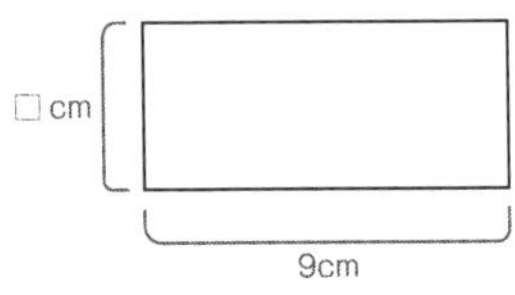

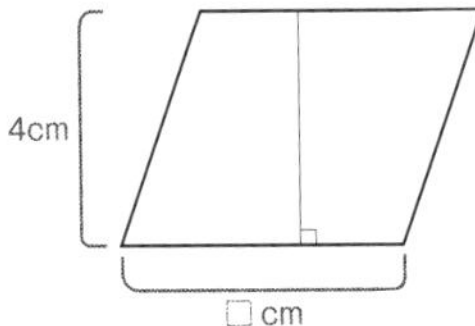

③台形（面積24cm²）

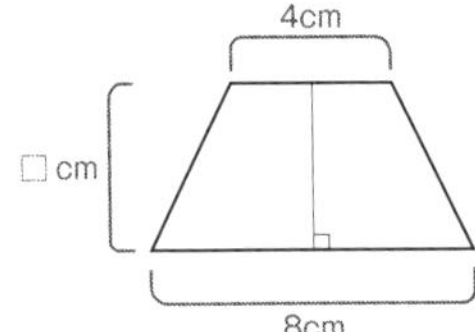

④三角形（面積30cm²）

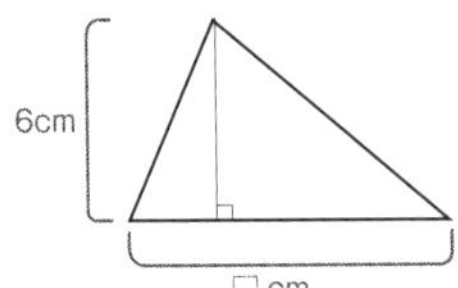

解答

基本問題

① $3 \times 7 = 21$（cm^2）

② $10 \times 5 = 50$（cm^2）

③ $(5 + 8) \times 4 \div 2 = 26$（$cm^2$）

④ $12 \times 8 \div 2 = 48$（cm^2）

応用問題

① $\square \times 9 = 36$ より

$\square = 36 \div 9 = 4$

② $\square \times 4 = 20$ より

$\square = 20 \div 4 = 5$

③ $(4 + 8) \times \square \div 2 = 24$ より

$12 \times \square = 24 \times 2$

$\square = 48 \div 12 = 4$

④ $\square \times 6 \div 2 = 30$ より

$\square \times 6 = 30 \times 2$

$\square = 60 \div 6 = 10$

PART 10

円・おうぎ形の面積、弧の長さ

学力レベル ▸▸▸ 小5〜中1

ここが重要!!

直径、半径の長さを確認して、公式に当てはめましょう！

まずは、公式を覚えてください。
円周率を3.14とします。

(1) 円周の長さ＝直径×円周率

例 直径20cmの円周の長さを求めてください。

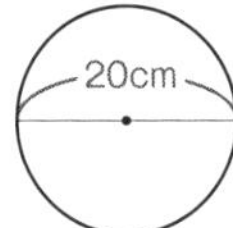

$20 \times 3.14 = 62.8$ (cm)

(2) 円の面積＝半径×半径×円周率

例 半径10cmの円の面積を求めてください。

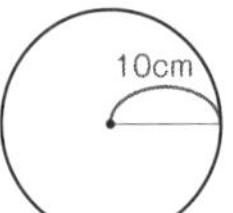

$10 \times 10 \times 3.14 = 314$ (cm^2)

円・おうぎ形の面積、弧の長さを理解するためのポイント

❖円周とは、円の周り。
❖半径とは、円と球で、その中心と円周上の1点とを結ぶ線。
または、その長さ。直径の半分。
❖直径とは、円と球で円周上のある1点から中心を通って反対側の円周までひいた直線の長さ。半径の2倍。
❖孤とは円周上の二点間のこと。

(3) $$\text{おうぎ形の弧の長さ} = \text{円周の長さ} \times \frac{\text{中心角}}{360}$$

例 半径5cm、中心角60°のおうぎ形の弧の長さを四捨五入して小数第二位まで求めてください。

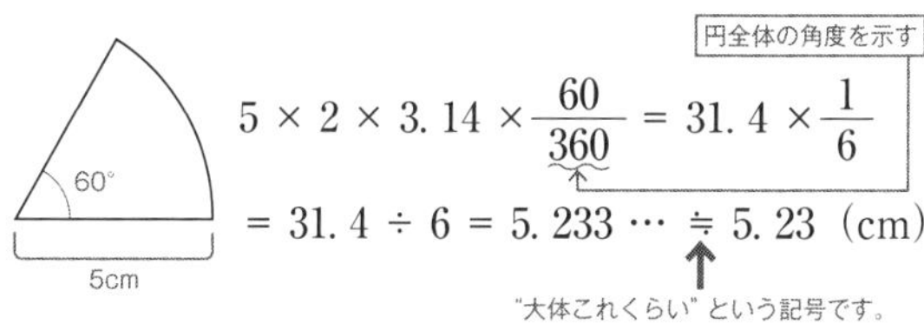

$$5 \times 2 \times 3.14 \times \frac{60}{360} = 31.4 \times \frac{1}{6}$$

$$= 31.4 \div 6 = 5.233 \cdots \fallingdotseq 5.23 \text{ (cm)}$$

(4) **おうぎ形の面積＝円の面積×$\dfrac{中心角}{360}$**

例 半径10cm、中心角30°のおうぎ形の面積を四捨五入して小数第一位まで求めてください。

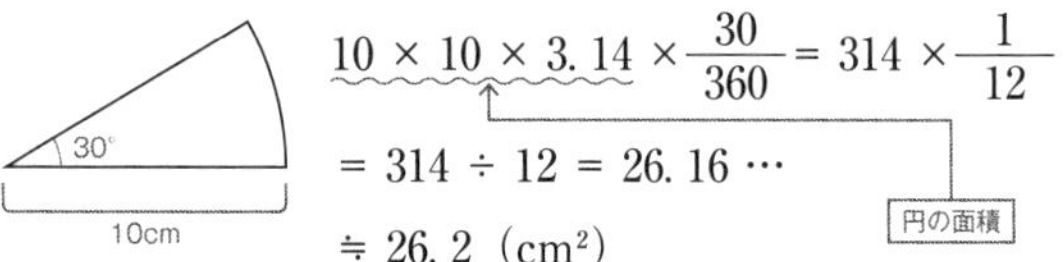

演習

図形の面積や円周の長さを求めてください。

※ただし、円周率は3.14とします。

①円の面積

②円周の長さ

③おうぎ形の面積

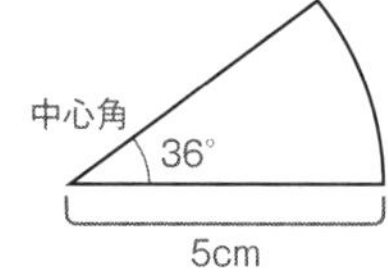

答え：① 28. 26cm² ② 25. 12cm ③ 7. 85cm²

解いた日　　月　日
タイム　　分　秒

練習ドリル

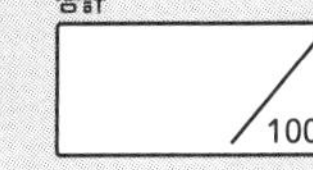

基本問題

※ただし、円周率は3.14とします。　（目標3分／各10点）

① 半径8cmの円周の長さを求めてください。

② 直径12cmの円周の長さを求めてください。

③ 直径10cmの円の面積を求めてください。

④ 半径4cmの円の面積を求めてください。

応用問題　チャレンジしましょう。 （目標2分／各15点）

※ただし、円周率は3.14とします。

① 半径3cm、中心角45°のおうぎ形の弧の長さを求めてください。

② 半径4cm、中心角36°のおうぎ形の弧の長さを求めてください。

③ 半径5cm、中心角120°のおうぎ形の面積を四捨五入して小数第一位まで求めてください。

④ 半径2cm、中心角90°のおうぎ形の面積を求めてください。

解答

基本問題

① $8\times2\times3.14=50.24$（cm）

② $12\times3.14=37.68$（cm）

③ $\underbrace{5\times5}_{半径}\times3.14=78.5$（cm²）

④ $4\times4\times3.14=50.24$（cm²）

応用問題

① $\underbrace{3\times2}_{直径}\times3.14\times\frac{45}{360}=18.84\times\frac{1}{8}=2.355$（cm）

② $\underbrace{4\times2}_{直径}\times3.14\times\frac{36}{360}=25.12\times\frac{1}{10}=2.512$（cm）

③ $5\times5\times3.14\times\frac{120}{360}=78.5\times\frac{1}{3}$
$=26.16\cdots\fallingdotseq26.2$（cm²）

④ $2\times2\times3.14\times\frac{90}{360}=12.56\times\frac{1}{4}=3.14$（cm²）

PART 11

柱体の体積

学力レベル ▸▸▸ 小6年

ここが重要!!

角柱や円柱の体積は **底面積×高さ** で求められます。

次の立体の体積を求めます。

①

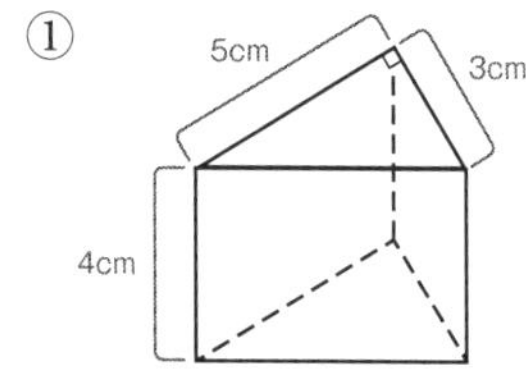

②

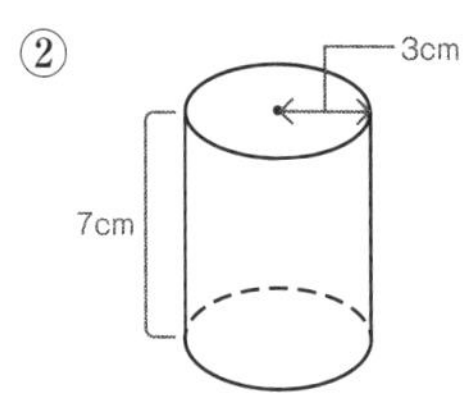

①は三角柱で、②は円柱ですが、
どちらも底面積を先に求めます。
まず①において、底面積は、5×3÷2＝7.5（cm^2）
体積＝底面積×高さより、体積は、7.5×4＝30（cm^3）
②の底面積は、円の面積を求めます。
底面積は、3×3×3.14＝28.26（cm^2）
これに高さをかけて、
体積は、28.26×7＝197.82（cm^3）

四角柱の体積を求めます。

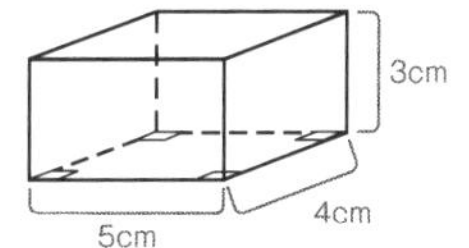

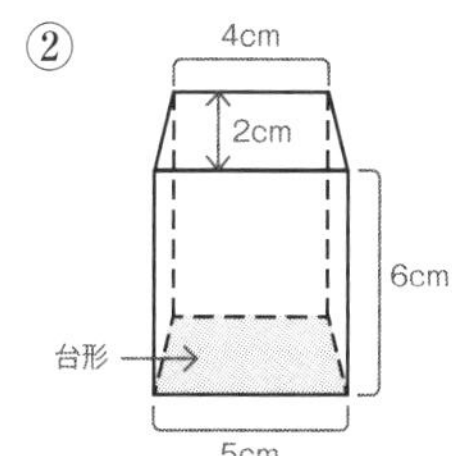

どちらも底面積×高さで求められます。

①の底面積は、4×5＝20（cm^2）、

体積は、20×3＝60（cm^3）

②の底面は台形なので、底面積は、

(4＋5）×2÷2＝9（cm^2）体積は、9×6＝54（cm^3）

※慣れてきたら、(4＋5）×2÷2×6＝54　と一気に求めてもいいです。

柱体の体積を理解するためのポイント

※角柱とは、底面が三角形、四角形、五角形、……などの多角形である柱体。

※直方体は角柱の一種。6つの面のすべてが長方形または、正方形と長方形からなる立体。隣り合う面が垂直に交わる。

※円柱とは、底面の形が円である柱体。

解いた日	月	日
タイム	分	秒

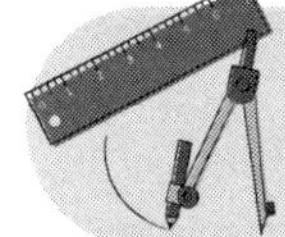

練習ドリル

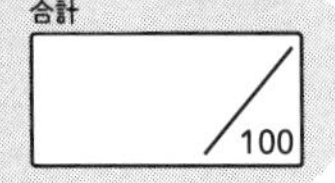

基本問題 ※ただし、円周率は3.14とします。 （目標5分／各25点）

角柱または円柱の体積を求めてください。

※ただし、円周率は 3.14 とします。

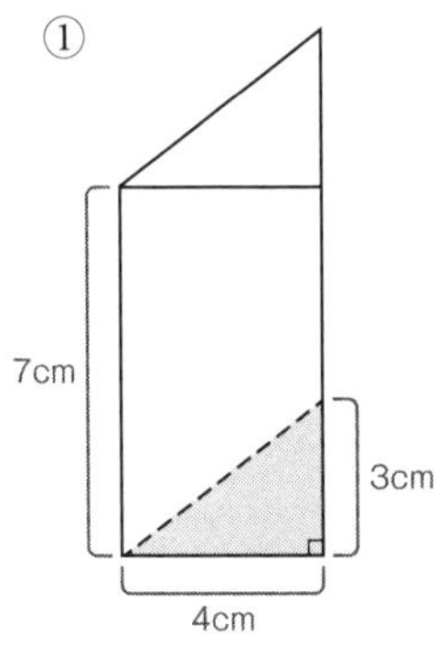

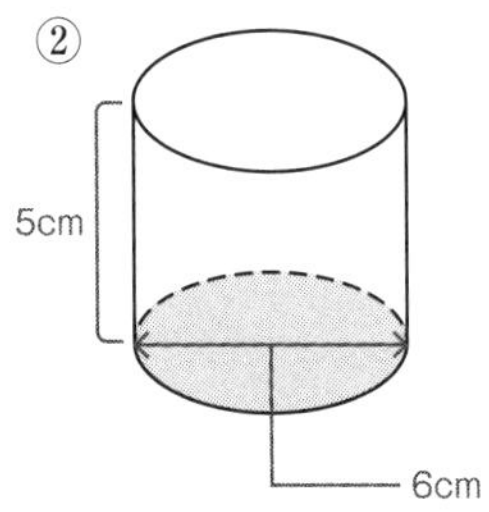

③

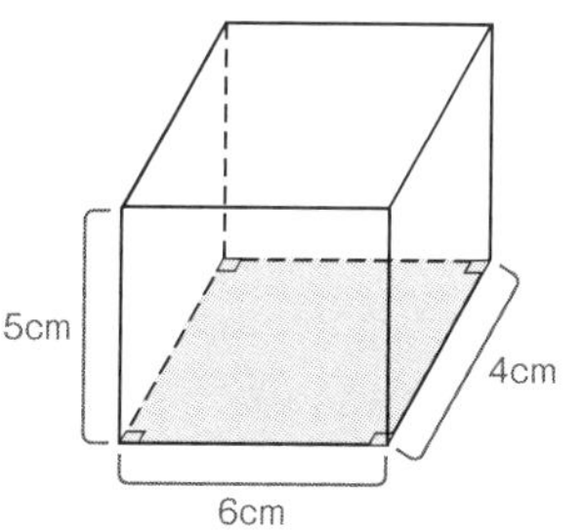

④

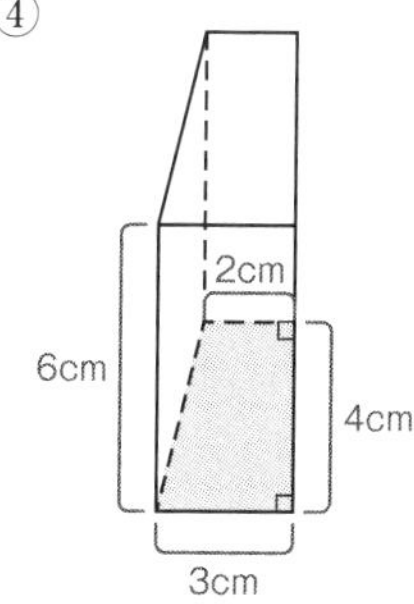

解答

基本問題

① $4 \times 3 \div 2 \times 7 = 42$（$cm^3$）

② $3 \times 3 \times 3.14 \times 5 = 141.3$（$cm^3$）

③ $4 \times 6 \times 5 = 120$（$cm^3$）

④ $(2 + 3) \times 4 \div 2 \times 6 = 60$（$cm^3$）

PART 12

割合の計算

学力レベル ▶▶▶ 小5年

ここが重要!!

2をもとにして、10と比べると、10は2の5倍になります。この**5倍**にあたるのが割合です。

たとえば、

10 人は、2 人の何倍ですか？——①

と聞かれたら右図から、

	1倍	2倍	3倍	4倍	5倍
2人	2人	4人	6人	8人	10人

10 ÷ 2 ＝ 5（倍）と計算しますが、

この 5 倍のことを割合といいます。

このとき、10 は「比べる量」、2 は「もとにする量」にあたります。

つまり、比べる量 ÷ もとにする量 ＝ 割合 という関係が成り立つのです。

では、次の場合はどうでしょうか。

50 人は、100 人の何倍ですか？——②

②は①と同様に **50 ÷ 100 ＝ 0.5（倍）** と計算します。

このとき、小数の 0.5 が割合、50 が「比べる量」、

100 が「もとにする量」となります。

割合を理解するためのポイント①

1 10 は 2 の 5倍 です。

③残った 10 が「比べる量」　①「の」の前が「もとにする量」　②～倍が「割合」

2 2 の 5倍 は 10 です。

①「の」の前が「もとにする量」　②～倍が「割合」　③残った 10 が「比べる量」

割合を表すには2つの言い方があり、それぞれ①～③の手順で、「比べる量」「もとにする量」「割合」を見分けます。

次に、「比べる量÷もとにする量=割合」から、比べる量ともとにする量を導き出します。

それには下の面積図を使うと便利です。

この図から以下の公式が導き出されます。

割合=比べる量÷もとにする量

もとにする量=比べる量÷割合

比べる量=もとにする量×割合　　となることがわかります。

初級編
PART 12 割合の計算

たとえば、“**100円の3倍はx円です**”では、
「の」の前の100円がもとにする量、3倍が割合、
残ったx円が比べる量になります。
これを先ほどの面積図に当てはめると、

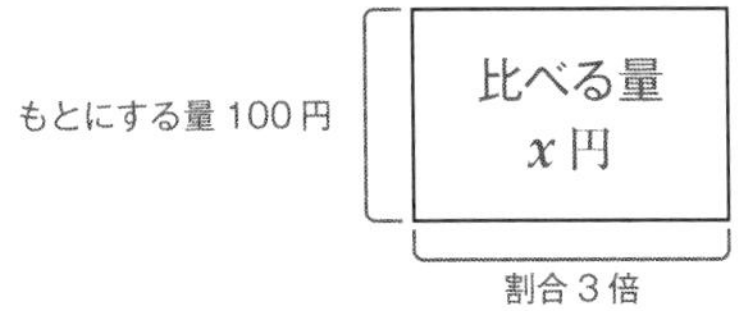

よって面積図より、$x = 100 \times 3 = 300$
100円の3倍は300円になります。

演習

① A 君の体重は 60kg、B 君の体重は 80kg です。
A 君の体重は B 君の体重の何倍でしょうか。

② C 君は 1500 円持っていますが、
これは D 君の所持金の 0.3 倍
にあたります。D 君の所持金はいくらですか。

答え：① 60 ÷ 80 = 0.75（倍）
② D 君の所持金を x 円とすると、
“1500 円は x 円の 0.3 倍です” となり、
もとにする量＝比べる量÷割合だから、
x = 1500 ÷ 0.3 = 5000　5000 円

%（パーセント）を用いる割合の表し方を百分率といいます。

ここが重要!!

小数で表した割合に100をかけると百分率になり、百分率を100で割ると小数で表した割合になります。

百分率は小数で表した割合に100をかけると求められます。
たとえば、小数で表した割合0.01は百分率にすると、
1%になりますが、
そこには、**0.01×100＝1（%）**という関係が成り立っています。
また、百分率の45%は小数で表した割合に直すと
0.45になりますが、
そこには、**45÷100＝0.45**という関係が成り立っています。

歩合も、割合の表し方の1つです。

歩合と小数で表した割合の関係は下図の通り。

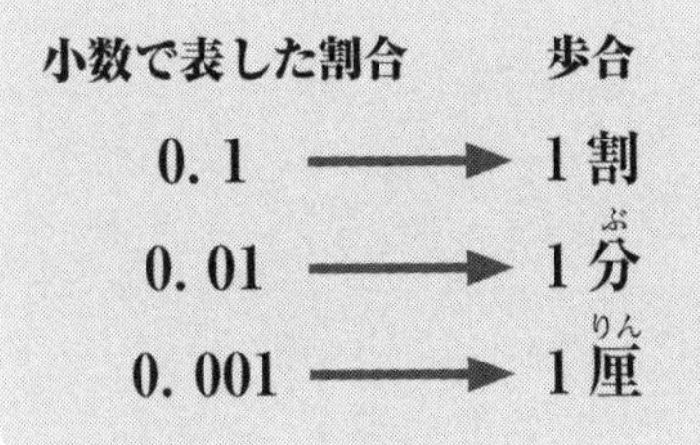

例

0.732 → 7割3分2厘

1.23 → 12割3分

5割9厘 → 0.509

4割2分6厘 → 0.426

! 割合を理解するためのポイント②

小数で表した割合、百分率、歩合はどれも割合ですが、
その違いはもとにする量（全体）の違い！

割合
- 小数で表した割合 ……… もとにする量（全体）は 1
- 百分率 …………………… 〃 は 100%
- 歩合 ……………………… 〃 は 10割

小数で表した割合	1	0.1	0.01	0.001
百分率	100%	10%	1%	0.1%
歩合	10割	1割	1分	1厘

↑ もとにする量

演習

① A 商店が本日仕入れたメロンパン 240 個のうち、6 個が売れ残りました。売れ残ったメロンパンは仕入れたメロンパンのうちの何%でしょうか。

② A 校全体の人数の 20%は 40 人です。A 校全体の人数は何人でしょうか。

③ 2400 円は 6000 円の何割にあたりますか。

答え：①6個が比べる量、240個がもとにする量なので、
6÷240＝0. 025
0. 025を百分率にするには100をかけるので、
0.025×100＝2. 5（%）
②百分率の20%を100で割って
小数で表した割合にすると、20÷100＝0. 2
もとにする量＝比べる量÷割合 なので、
40÷0. 2＝200（人）
③**割合＝比べる量÷もとにする量** なので、
2400÷6000＝0. 4
0. 4は小数で表した割合なので、歩合になおすと4割

解いた日　　月　日
タイム　　分　秒

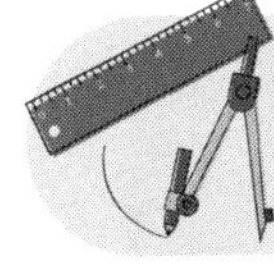

練習ドリル

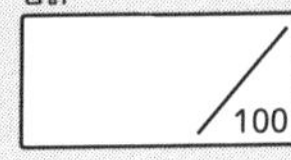

基本問題

（目標3分／各10点）

① 40円は200円の何倍ですか。

② 100人は200人の何倍ですか。

③ 300mは10mの何倍ですか。

④ 420円の30%はいくらですか。

⑤ 原価の2割増しの定価をつけたら300円になりました。原価はいくらですか。

⑥ 40名のクラスでスマートフォンを持っている生徒は35名でした。クラス全体で何%の生徒がスマートフォンを持っていますか。

大切なのは、「比べる量」「もとにする量」「割合」の３つにどの数値が当てはまるのかを考えることです。

応用問題　チャレンジしましょう。

（目標2分／① ②は各10点、③は20点）

① 30人の女子クラスで30%の生徒がピアスをしています。ピアスをしている生徒は何人ですか。

② ある中学校では、昨年度より5%だけ生徒が増加して今年度の生徒数が525人になりました。昨年度の生徒は何人ですか。

③ 定価480円のお弁当がスーパーで2割引で売られていました。割引後のお弁当の値段はいくらでしょうか。

解答

基本問題

① $40 \div 200 = \frac{40}{200} = \frac{1}{5} = 0.2$ より　0.2倍

② $100 \div 200 = \frac{100}{200} = \frac{1}{2} = 0.5$ より　0.5倍

③ $300 \div 10 = \frac{300}{10} = 30$ より　30倍

④ $420 \times 0.3 = 126$（円）より　126円

⑤原価を x 円とすると、

（もとにする量）＝（比べる量）÷（割合）

$x = 300 \div \underline{1.2} = 250$　より　250円

2割を小数で表した割合にすると0.2
2割増しは1（全体）＋0.2＝1.2

⑥（比べる量）÷（もとにする量）＝（割合）

$35 \div 40 = 0.875$ より　87.5%

応用問題

① ピアスをしている生徒数をx人とすると、

（比べる量）＝（もとにする量）×（割合）　$x=30\times0.3=9$　より　9人

② 昨年度の生徒数をx人とすると、（比べる量）÷（もとにする量）＝（割合）

$x=525\div\underline{1.05}=500$　より　500人

5%を小数で表した割合にすると0.05
5%増加は、1（全体）＋0.05＝1.05

③ 割引後のお弁当の値段をx円とすると、

（比べる量）＝（もとにする量）×（割合）

$x=480\times\underline{0.8}=384$　より　384円

2割を小数で表した割合にすると0.2
2割引は、1（全体）−0.2＝0.8

PART 13

比

学力レベル >>> **小6年**

“比”とは

○：□（○対□）のような表し方です。

たとえば「A君は100円、B君は200円を持っています。
2人の所持金の比を求めてください」の場合、
A：B＝100：200と書き、
「A対Bイコール100対200」と読みます。

ただし、**“比はもっとも簡単な整数で表す”**
というルールがあるため、
100と200の最大公約数で割って、
A：B＝100：200＝1：2と表します。

もう少し練習してみましょう。

例 1　36：54
36と54を最大公約数18で割って、
36：54＝（36÷18）：（54÷18）＝2：3

例2　0.5：2.5

0.5と2.5に10をかけて整数の比にすると、

0.5：2.5＝（0.5×10）：（2.5×10）＝5：25＝1：5

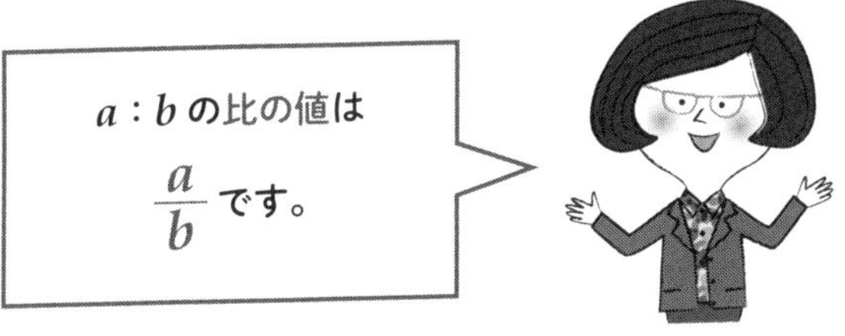

次に"比の値"について説明します。

○：△の場合、○を分子に、△を分母におきます。

たとえば、2：3の比の値は$\frac{2}{3}$になります。

式で表すと○÷△となります。

次に□：3=6：9のような比例式の解き方です。

外項の積＝内項の積を使います。

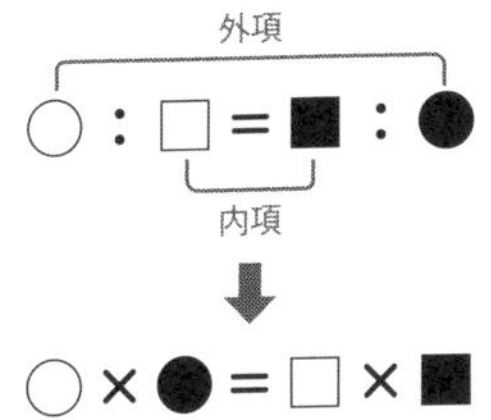

演習

(1)次の比を簡単にしてください。

①3：18　②1.6：1.8　③20：25

(2)次の比の値を求めてください。

①4：5　②10：18　③70：135

(3)□に入る数を求めてください。

①□：3 = 4：1

②3：5 =□：15

③10：□= 2：7

答え：(1)

①1：6

②1.6：1.8 = 16：18 = 8：9

③20：25 = 4：5

(2)

① $\frac{4}{5}$

② $\frac{10}{18} = \frac{5}{9}$

③ $\frac{70}{135} = \frac{14}{27}$

(3)

①□ × 1 = 3 × 4　□= 12

②5 ×□= 3 × 15　□= 9

③□ × 2 = 10 × 7　□= 35

解いた日　　月　日
タイム　　分　秒

練習ドリル

合計

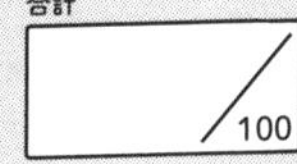

基本問題

（目標3分／各8点）

①15：25を簡単にしてください。

②60：72を簡単にしてください。

③2.4：3.6を簡単にしてください。

④長方形の紙があります。
たてと横の長さの比を求めてください。

たて 54cm
横 81cm

⑤0.8：0.32の比の値を求めてください。

⑥2.5：3.5の比の値を求めてください。

⑦2：5＝6：□の□の値を求めてください。

⑧3：2＝18：□の□の値を求めてください。

外側どうしをかけたものと
内側どうしをかけたものを
イコールで結ぶ

○：△ ＝ □：◎

⬇

○×◎ ＝ △×□

応用問題　チャレンジしましょう。

（目標2分／各6点）

① 0.3：1.2 を簡単にしてください。

② $\dfrac{1}{8}$：$\dfrac{5}{12}$ の比の値を求めてください。

③ 1.5：$\dfrac{1}{8}$ の比の値を求めてください。

④ $\dfrac{3}{4}$：2.7 の比の値を求めてください。

⑤ 6.4：4 ＝ □：2.4 のときの□の値を求めてください。

⑥あるクラスの男子の人数と女子の人数の比が3：4で、
女子の人数は 24 人です。
このときの男子の人数を□人として、求めてください。

解答

基本問題

①3：5　②5：6

③2.4：3.6の両方を10倍すると、24：36より　2：3

④54：81を簡単にして2：3

⑤両方に100をかけて80：32より　5：2　よって $\frac{5}{2}$

⑥両方に10をかけて25：35より　5：7　よって $\frac{5}{7}$

⑦2×□ =30 □ =15　⑧3×□ =36 □ =12

応用問題

① 両方に10をかけて3：12　より　1：4

② $\frac{1}{8} \div \frac{5}{12} = \frac{1}{\cancel{8}_{2}} \times \frac{\cancel{12}^{3}}{5} = \frac{3}{10}$

③ $\frac{15}{10} \div \frac{1}{8} = \frac{{}^{3}\cancel{15} \times \cancel{8}^{4}}{{}_{\cancel{2}\,1}\cancel{10} \times 1} = 12$

④ $\frac{3}{4} \div \frac{27}{10} = \frac{{}^{1}\cancel{3} \times \cancel{10}^{5}}{{}_{2}\cancel{4} \times \cancel{27}_{9}} = \frac{5}{18}$

⑤4×□ =15.36　□ =3.84

⑥3：4= □：24より　4×□ =72
□ =18　よって18人

PART 14

速さの計算

学力レベル ▸▸▸ 小6年

ここが重要!!

速さの3公式は“ミ・ハ・ジ”の図から

●基本的には、

道のり＝速さ×時間

となりますが、便利な図があるので紹介しておきます。

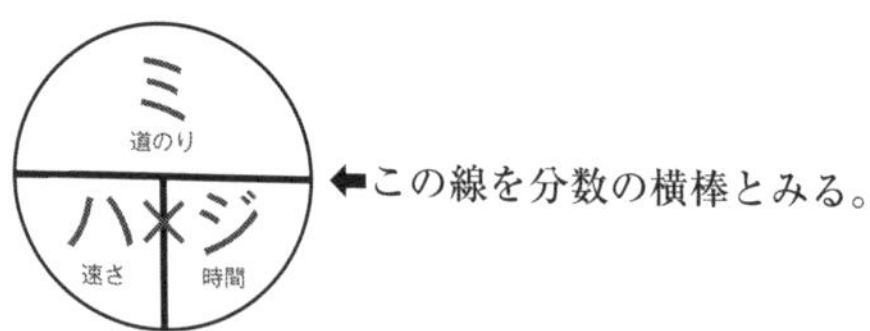

使い方は簡単！　求めたいものを指で隠してみてください。
たとえば時間を求めたい場合、

見えているものは ミ÷ハ ですね。

速さの3公式

○道のり＝速さ×時間

○速さ＝道のり÷時間

○時間＝道のり÷速さ

ただし、単位に注意してください。

- 道のり …… m（メートル）、km（キロメートル）
- 速さ …… 秒速、分速、時速
- 時間 …… 秒、分、時間

速さの計算を理解するためのポイント

速さの計算をするときは、必ず単位をそろえること！

時速5.4kmや秒速1.5mのように、単位の異なる場合の速さの変換を学びます。

例 **時速48kmは、分速何mですか。**

まず、単位をkmからmに変えます。

1km = 1000mなので、

48kmは48 × 1000 = 48000(m)

したがって、時速48kmは時速48000mになります。

そして、時速48000mは60分で48000m進む速さです。

よって、速さ = 道のり ÷ 時間より、

48000 ÷ 60 = 800(m)

答えは分速800mになります。

演習

① 800mを分速40mで歩きました。
何分かかりましたか。

② 分速70mで30分歩きました。何m歩きましたか。

③ 900mの道のりを15分かけて歩きました。
歩く速さは分速何mですか。

④ 1. 8kmの道のりを分速60mの速さで歩くと
何分かかりますか。

⑤ 時速3. 6kmは分速何mですか。

答え：① 800÷40=20（分）
② 70×30=2100（m）
③ 900÷15=60（m）より　分速60m
④ 1800÷60=30（分）
※1. 8kmは単位をmにそろえるために1000をかけて1800mにする
⑤ 時速3. 6kmは3. 6×1000=3600より、時速3600m。
そして、時速3600mは60分で3600m進む速さです。
速さ＝道のり÷時間 より　3600÷60=60（m）
よって分速60m

解いた日	月	日
タイム	分	秒

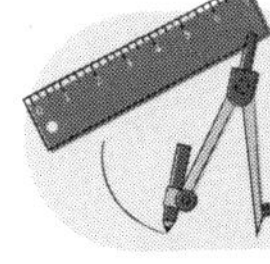

練習ドリル

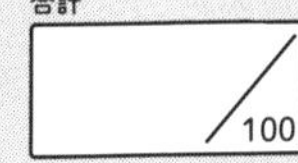

基本問題

（目標3分／各10点）

① 時速40kmで走る車が5時間で進む道のりは何kmですか。

② 分速70mで2.8kmを走るときにかかる時間は何分ですか。

③12. 6kmの道のりを進むのに3時間かかりました。
時速何kmですか。

④ 分速80mで20分歩いたとします。
歩いた道のりは何mですか。

⑤ 分速1200mで20分間走った車の走行距離は何kmですか。

⑥ ある物体が秒速3mで直線上を21m進むと、
何秒かかりますか。

⑦ 時速72kmは分速何mですか。

⑧ 秒速36mは時速何kmですか。

2人（2つ）以上の人や乗り物が出合ったり、追いかけたりする問題を旅人算といいます。

ポイント

① 向かい合って進むとき
→2つの速さを足す
② 追いかけるとき
→速いほうの速さから遅いほうの速さを引く

応用問題 チャレンジしましょう。 （目標2分／各10点）

① 60km先を走る自動車Aを自動車Bが追いかけます。
自動車Aの時速を80km、
自動車Bの時速を100kmとすると、
自動車Bが自動車Aに追いつくのは
何時間後ですか。

② 1周4800mの池があります。
AさんとBさんが同じ場所から池の周りにそって
反対方向に進みます。
Aさんは分速82mで、Bさんは分速78mで進むとき、
2人が出会うのは、
出発してから何分後ですか。

解答

基本問題

① 40 × 5 = 200（km）

② 2800 ÷ 70 = 40（分）

③ 12.6 ÷ 3 = 4.2（km） よって、時速 4.2km

④ 80 × 20 = 1600（m）

⑤ 1200 × 20 = 24000（m） よって、24km

⑥ 21 ÷ 3 = 7（秒）

⑦ 時速 72km は時速 72000m。これは 60 分で 72000m 進むことだから、速さ = 道のり ÷ 時間より、72000 ÷ 60 = 1200（m） よって分速 1200m

⑧ 1 秒あたりは 36m 進むから、1 分間あたりは 36 × 60 = 2160（m） 1 時間あたりは 2160 × 60 = 129600（m） よって時速 129.6km

応用問題

①自動車 A は 1 時間に 80km 進み、自動車 B は 1 時間に 100km 進むので、2 つの自動車の道のりの差は 1 時間に 100 − 80 = 20（km）ずつ縮まります。はじめの A と B の差は 60km で、その差が 1 時間に 20km ずつ縮まるので、60 ÷ 20 = 3（時間）後に追いつきます。 答え 3 時間後

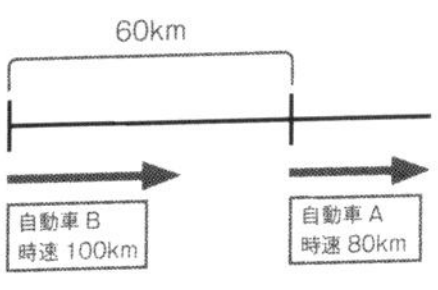

② A さんは 1 分間に 82m、B さんは 1 分間に 78m 進むので、2 人は 1 分間に合わせて 82 + 78 = 160（m）ずつ近づきます。4800m 進んだとき、2 人は出会うので、出発してから 4800 ÷ 160 = 30（分）後に出会います。 答え 30 分後

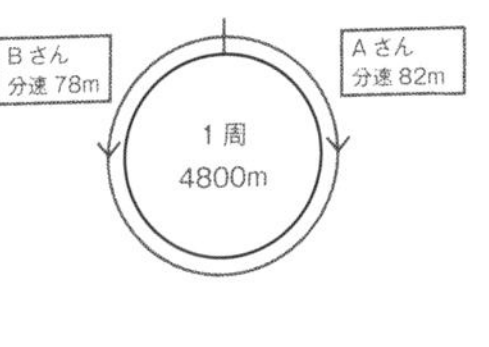

PART 15

平均と人口密度

学力レベル ▸▸▸ 小5年

“平均”を求めるには「合計÷個数」
“人口密度”を求めるには「人口÷面積」

“平均”とは

平均は合計を個数で割って求めます。

たとえば、

「あるテストで、A君85点、Bさん25点、Cさん60点、
Dさん43点、E君77点とりました。
5人の平均点を求めてください」の場合、

(85＋25＋60＋43＋77) ÷5＝290÷5

＝58 (点) となります。

(つまり、「平均＝合計÷個数」)

これは逆に、

5人全員が58点とったことと同じになります。

つまり、

$$\boxed{58 \times 5} = \boxed{290} = 85 + 25 + 60 + 43 + 77$$

↓　↓

$$\boxed{平均 \times 個数} = \boxed{合計}$$

となるわけです。

"人口密度"とは

1km²あたりの人口のことです。

「人口÷面積（km²）」で算出されます。

たとえば、ある町の面積が20km²で、

人口が1000人の場合の人口密度は、

1000÷20＝50（人）　より、50人となります。

平均を理解するためのポイント

平均と個数が与えられたら、必ず合計を意識し、
合計＝平均×個数　の式を思い出す！

解いた日　　月　日
タイム　　分　秒

練習ドリル

合計　／100

基本問題

（目標3分／各25点）

① 4人の体重がそれぞれA君58kg、B君70kg、Cさん43kg、Dさん45kgのとき、4人の体重の平均を求めてください。

② あるテストでは男子6人の平均点は75点、女子4人の平均点は70点です。このとき、男女10人の平均点は何点ですか。

応用問題　チャレンジしましょう。

（目標2分／各25点）

① 下の表はA君の3回分のテストの成績です。平均点が75点のとき、2回目の点数を求めてください。

回数	1	2	3
点数	70	?	90

② X町の人口密度は600人で、人口は12000人です。X町の面積は何km^2ですか。

解答

基本問題

① （58+70+43+45）÷4=54（kg）　よって54kg

② 男子の合計点は、75×6=450（点）、
女子の合計点は、70×4=280（点）
男女10人の平均 =（男女10人の合計）÷10より（450+280）÷10=73（点）
よって73点

応用問題

① 合計 = 平均 × 個数 より、
合計点は、75×3=225（点）
2回目をx点とすると、70+x+90=225
x=225−160=65　よって65点

② X町の面積を$x$km^{2}とすると、
人口密度=人口÷面積より、
600=12000÷x　x=12000÷600=20
よって20km^2

PART 16

すい体の体積と球の体積・表面積の計算

学力レベル ▸▸▸ **中1年**

すい体の体積は〈底面積×高さ〉を

3で割る $\left(\frac{1}{3}\text{をかける}\right)$

P.82で"柱体"の体積を学びましたが、ここではすい体の体積の求め方を学びましょう。次の3つのすい体を押さえておきましょう。

(三角すい)

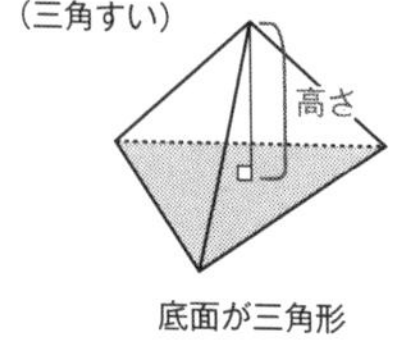

底面が三角形

(四角すい)

底面が四角形

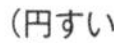

(円すい)

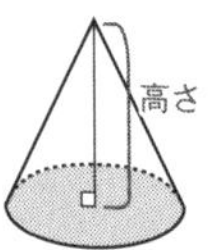

底面が円

上の3つのすい体の体積は

〈底面積×高さ〉に $\frac{1}{3}$ をかけることで求められます。

たとえば、底面積60cm^2、高さ5cmの三角すいなら、

$60\times5\times\frac{1}{3}=100$（cm^3）で、100cm^{3}が体積です。

それぞれの底面の図形の面積の求め方はP.70、P.72、P.76で学びましたね。

球の体積・表面積は公式を暗記するしかありません。

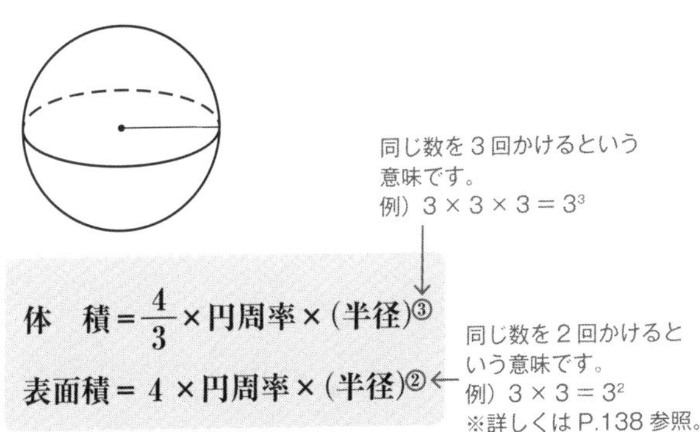

たとえば、半径3cmの球の体積と表面積の求め方は以下の通りです。

体　積　…　$\frac{4}{3}\times3.14\times3^3=4\times3.14\times27\div3=113.04$（cm^3）

表面積　…　$4\times3.14\times3^2=113.04$（cm^2）

解いた日　　月　日
タイム　　分　秒

練習ドリル

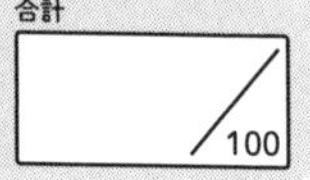

基本問題　**体積を求めてください。**　（目標3分／各20点）

※ただし、円周率は3.14とします。

①三角すい　②四角すい　③円すい

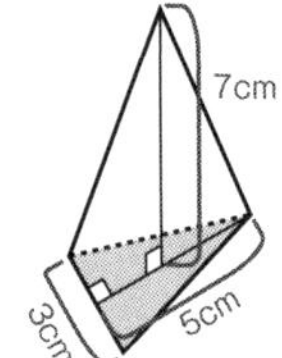

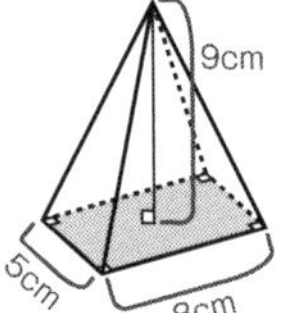

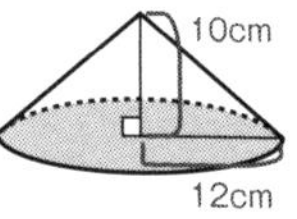

応用問題　**チャレンジしましょう。**　（目標2分／各20点）

直径 4cm の球の体積と表面積を求めてください。

※ただし、円周率は 3.14 とします。答えは四捨五入して小数第二位まで求めます。

4cm

解答

基本問題

① $\frac{1}{3}\times\underbrace{\left(\frac{1}{2}\times3\times5\right)\times7}_{\text{底面積×高さ}}=17.5$（$cm^3$）

よって 17. 5cm^3

② $\frac{1}{3}\times\underbrace{(5\times8)\times9}_{\text{底面積×高さ}}=120$（$cm^3$）

よって 120cm^3

③ $\frac{1}{3}\times\underbrace{(12\times12\times3.14)\times10}_{\text{底面積×高さ}}=1507.2$（$cm^3$）

よって 1507. 2cm^3

応用問題

直径 4 cmから半径は 4 ÷ 2 = 2（cm）なので、

体　積　$\frac{4}{3}\times3.14\times2^3=4\times3.14\times8\div3$

$=33.493\cdots$（cm^3）　　よって 33. 49 cm^3

表面積　$4\times3.14\times2^2=50.24$（$cm^2$）

よって 50. 24 cm^2

重さの単位計算の仕方

ここでは単位を素早く変更するためのテクニックを紹介します。

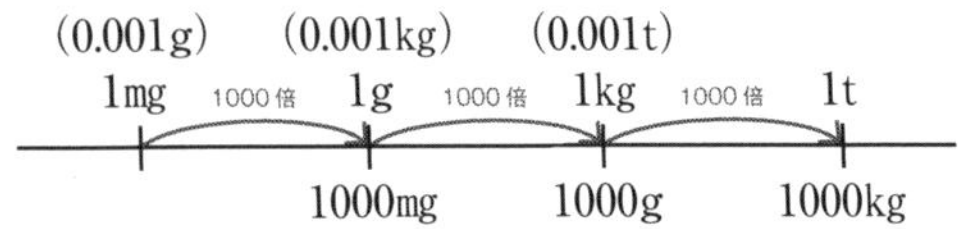

単位

1mg （ミリグラム）
1g （グラム）
1kg （キログラム）
1t （トン）

例　次の重さの単位を（　）の中のものに変更して表しなさい。

① **4500g (kg)**

1g ＝ 0.001kgなので
4500 × 0.001 ＝ 4.5
4.5kg

② **23g (mg)**

1g ＝ 1000mgなので
23 × 1000 ＝ 23000
23000mg

第2章

中級編

$$2x+2=x+10$$

$$14x-20=6x+12$$

$$4x+2<8x-2$$

$$7x-14\geqq 28x-14$$

本章では比例や反比例といった小学校高学年で学ぶもの、１次関数や連立方程式といった小学校の算数の延長線上にあるものなど、前章よりもちょっぴりハードルが上の単元を学びます。「自分に理解できるか?」と不安に思う方もいるかもしれませんが、初級編で基礎をきちんと身につけていたら、心配は無用。面白いように問題が解けるようになります。

PART 1

比例

学力レベル ▸▸▸ **小6〜中1年**

“比例”とは

「ある数量が2倍、3倍、……になったとき、それに伴って別の数量も同様に2倍、3倍、……になっていく」関係のことをいいます。

たとえば、「1本50円の鉛筆を買うときの本数と代金」について、

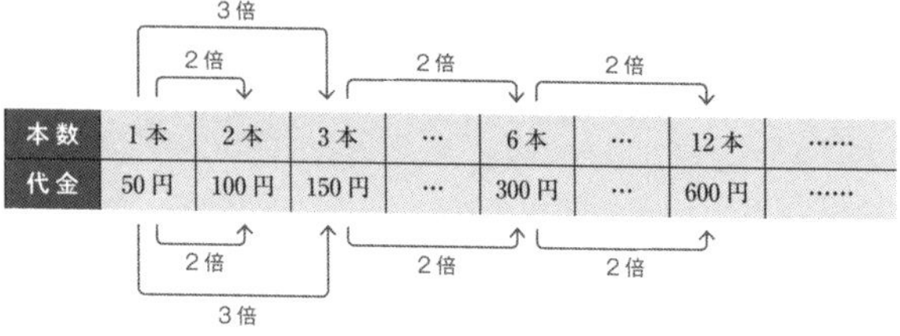

本数	1本	2本	3本	…	6本	…	12本	……
代金	50円	100円	150円	…	300円	…	600円	……

のようになりますが、「100g 180円のひき肉を575g買ったときの代金はいくらか」となると、鉛筆のようにはいきません。そこで、数式の出番となります。

比例を理解するためのポイント

キーワードは“xもyも同じように増えていく”

※比例では、片方が2倍、3倍、4倍、……になると、それに連動してもう片方も2倍、3倍、4倍、……になります。

※比例の式は、いつも $y=$ 定数 $\times\ x$
で表すことができます。

例）$y = 2 \times x$、$y = \frac{1}{3} \times x$、$y = 0.1 \times x$

一度鉛筆の例に話を戻してみましょう。

本数をx本、代金をy円とします。

（x、yが出てきましたが、もう少しおつき合いください）

結論からいうと、この場合、

y（円）＝ 50（円/本）× x（本）

（1本あたり50円）

つまり、“$y = 50 \times x$”と表すことができます。

左ページの表を見ると、

$x = 2$のとき、$y = 50 \times 2 =$ **100**、

$x = 6$のとき、$y = 50 \times 6 =$ **300**

これをひき肉の場合に応用して、買った重さをxg、代金をy円とします。1gあたり1.8円ですから、

$\frac{180\text{円}}{100\text{g}} = 1.8$（円／g）

$y = 1.8 \times x = \frac{18}{10} \times x = \frac{9}{5} \times x$となり、
$x = 575$のとき、

$y = \frac{9}{5} \times 575 = \frac{9 \times 575}{5} = \mathbf{1035}$　よって1035円

のように簡単にわかります。

※鉛筆→$y = 50 \times x$、ひき肉→$y = \frac{9}{5} \times x$のように
$\boxed{y = a \times x}$ の形で表されるとき、
「yはxに比例する」といい、aのことを“比例定数”と呼びます。**比例定数aは、$a = y \div x$で求められます。**

演習

8枚で320gの記念コインがあります。コインの枚数と重さが比例するとき、このコイン480gでは何枚ですか。

答え：コインの枚数をx枚、コインの重さをygとします。
xとyは比例の関係にあるので、$y = a \times x$とおきます。
$x = 8$のとき$y = 320$なので、$y = a \times x$に代入して、
$320 = a \times 8$　より　$a = 40$　よって、$y = 40 \times x$の
比例の式になります。
ここで$y = 480$をこの比例の式に代入すると、
$480 = 40 \times x$　$x = 12$

よって12枚

解いた日　　月　日
タイム　　分　秒

練習ドリル

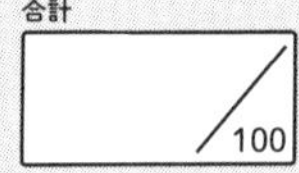

基本問題

（目標3分／各5点）

(1) y を x の式で表してください。

①1個90円のリンゴを x 個買ったときの代金 y 円

②5個100円のアメを x 個買ったときの代金 y 円

③100g 80円の鶏肉を xg 買ったときの代金 y 円

(2) (1)の①〜③について答えてください。

①リンゴを4個買ったときの代金はいくらですか。

②アメを7個買ったときの代金はいくらですか。

③鶏肉を155g 買ったときの代金はいくらですか。

(3) y は x に比例し、$x = 3$ のとき $y = 45$ であるとします。

①比例定数を求めてください。

② y を x の式で表してください。

③ $x = 4$ のときの y の値を求めてください。

④ $y = 30$ のときの x の値を求めてください。

応用問題 チャレンジしましょう。 （目標2分／各10点）

(1) y は x に比例しているものとします。

① $x = 12$ のとき $y = 6$ となります。
$x = 4$ のときの y の値を求めてください。

② $x = 6$ のとき $y = 4$ となります。
$y = 2$ のときの x の値を求めてください。

(2) 自動車が走る道のりは使ったガソリンの量に比例するものとします。
ある自動車は6Lのガソリンで48km走りました。
xLのガソリンで $y$km走るとき、次の問いに答えてください。

① y を x の式で表してください。

② 15Lのガソリンで何km走れますか。

③ 何Lのガソリンがあれば200km走れますか。

解答

基本問題

(1)　① $y = 90 \times x$　　② $100 \div 5 = 20$ から　$y = 20 \times x$

③ $80 \div 100 = \frac{80}{100} = \frac{8}{10} = \frac{4}{5}$ から　$y = \frac{4}{5} \times x$

(または $y = 0.8 \times x$)

(2)　① $y = 90 \times 4 = 360$ から　360円

② $y = 20 \times 7 = 140$ から　140円

③ $y = \frac{4}{5} \times 155 = \frac{4 \times \cancel{155}^{31}}{\cancel{5}_{1}} = 124$ から　124円

(3)　① $a = y \div x = 45 \div 3 = 15$ より　15

② $y = 15 \times x$

③ $y = 15 \times 4 = 60$ より　$y = 60$

④ $30 = 15 \times x$ より　$x = 2$

応用問題

(1)　① $a = 6 \div 12 = \frac{\cancel{6}^{1}}{\cancel{12}_{2}} = \frac{1}{2}$ より

$y = \frac{1}{2} \times x \rightarrow y = \frac{1}{\cancel{2}_{1}} \times \cancel{4}^{2} = 2$ より　$y = 2$

② $a = 4 \div 6 = \frac{\cancel{4}^{2}}{\cancel{6}_{3}} = \frac{2}{3}$ より

$y = \frac{2}{3} \times x \rightarrow 2 = \frac{2}{3} \times x$ より　$x = 3$

(2)　① 1L あたりの走る道のりは $48 \div 6 = 8$(km)、これより $y = 8 \times x$

② $y = 8 \times 15 = 120$ より　120 km

③ $200 = 8 \times x$、$x = 200 \div 8 = 25$ より　25 L

PART 2

反比例

学力レベル ≫ 小6〜中1年

“反比例”とは

「ある数量が2倍、3倍、……になったとき、それに伴う別の数量が$\frac{1}{2}$倍、$\frac{1}{3}$倍、……になっていく」関係のことをいいます。

たとえば、「360cm³のカステラを何人かで分けるときの1人分の量（体積）」について

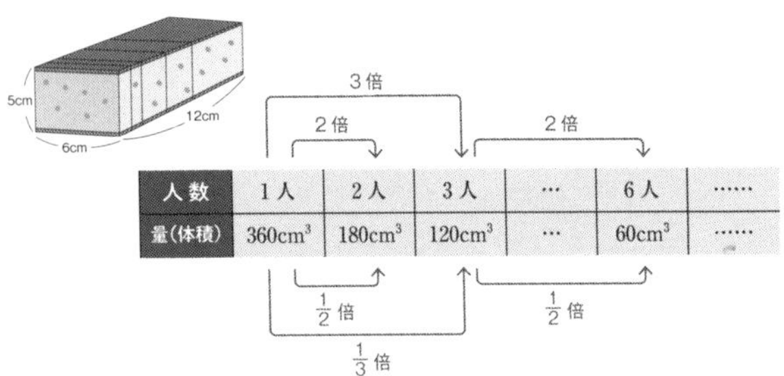

人数	1人	2人	3人	…	6人	……
量（体積）	360cm³	180cm³	120cm³	…	60cm³	……

上の表を注意して見ますと、人数が増えると、1人あたりの量が減っていくことがわかります。また、（人数）×（量）が1×360＝360、2×180＝360、3×120＝360、…… のようにすべて一定の値（360）になっていることもわかります。

反比例を理解するためのポイント

キーワードは“x 2倍で、y 半分！”

※反比例では、片方が2倍、3倍、4倍、……になると、それに連動してもう片方は $\frac{1}{2}$ 倍、$\frac{1}{3}$ 倍、$\frac{1}{4}$ 倍、……になります。

反比例の式は、いつも$y=$ 定数$\div x$で表すことができます。

例 $y=20\div x$、$y=5\div x$、$y=300\div x$

ここでまたまた数式の登場です！

人数を x 人、量を y cm^3 とするとき、左ページのカステラの例では（人数）×（量）がすべて360だったわけですから、$x\times y=360$ となり、**両辺（式のイコール［=］をはさんだ両側のこと）を x で割って**
反比例の式は“$y=360\div x$”と表します。

左ページの表をご覧ください。

$x=2$ のとき、$y=360\div 2=$ **180**

$x=6$ のとき、$y=360\div 6=$ **60**

表にはありませんが、もし18人で分けたとき、

$y = 360 \div 18 = 20$　　$20cm^3$

のように簡単に計算できます。

カステラ →$y = 360 \div x$のように

$\boxed{y = a \div x}$ の形で表されるとき、

「xとyは反比例する」といい、

aのことを“比例定数”と呼びます。

aはxとyをかけると求められます。

つまり、$a = x \times y$です。

演習

下の表は、面積が$24cm^2$の平行四辺形の底辺の長さ$x$cmと高さ$y$cmの関係を示しています。

底辺（$x$cm）	1	2	3	4	6	8	12	24
高さ（$y$cm）	24	12	8	6	4	3	2	1

① yはxに反比例しています。xとyの関係を式で表してください。

② xが2.4cmのときのyの値を求めてください。

答え：① $y = 24 \div x$　② 10

解いた日	月	日
タイム	分	秒

練習ドリル

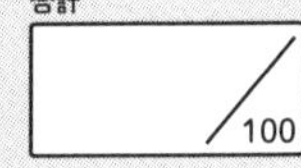

基本問題

（目標3分／各6点）

(1) y を x の式で表してください。

① 15 L 入る容器に毎秒 x L の割合で水を入れると y 秒間で満水になる。

②たてが x cm、横が y cm の長方形の面積は 5cm^2 である。

③ 3. 5km 離れた地点に毎分 x m の速さで行くと y 分かかる。

(2) (1) の①～③について答えてください。

①毎秒 3 L で水を注ぐと何秒で満水になりますか。

②たてが 2.5cm のとき、横は何 cm ですか。

③毎分 70m の速さで行くと何分かかりますか。

(3) y は x に反比例し、$x = 4$ のとき $y = 9$ であるとします。

①比例定数を求めてください。

② y を x の式で表してください。

③ $x = 6$ のときの y の値を求めてください。

④ $y = 12$ のときの x の値を求めてください。

応用問題 チャレンジしましょう。 (目標2分／各10点)

(1) y は x に反比例しているものとします。

① $x = 2$ のとき $y = 12$ となります。
$x = 6$ のときの y の値を求めてください。

② $x = 3$ のとき $y = 6$ となります。
$y = 9$ のときの x の値を求めてください。

(2) 底辺 x cm、高さ y cm の三角形の面積が 24cm^2 である。

① y を x の式で表してください。

② 底辺が 2cm のときの三角形の高さを求めてください。

解答

基本問題

(1)　① $x \times y = 15$ より　両辺を x で割ると　$y = 15 \div x$
② $x \times y = 5$ より　両辺を x で割ると　$y = 5 \div x$
③ $x \times y = 3500$ より　両辺を x で割ると　$y = 3500 \div x$

(2)　① $y = 15 \div 3 = 5$ より　5 秒
② $y = 5 \div 2.5 = 2$ より　2cm
③ $y = 3500 \div 70 = 50$ より　50 分

(3)　① $y = a \div x$（a は比例定数）に $x = 4$、$y = 9$ を代入すると、$9 = a \div 4$ より、$a = 36$、したがって比例定数は 36　　② $y = 36 \div x$
③ $y = 36 \div 6 = 6$ より　$y = 6$
④ $12 = 36 \div x$、$x = 36 \div 12 = 3$ より　$x = 3$

応用問題

(1)　① $y = a \div x$ より　$12 = a \div 2$、$a = 24$ で、
式は $y = 24 \div x$
これに $x = 6$ を代入して、$y = 24 \div 6 = 4$
よって $y = 4$
② $6 = a \div 3$ より　$a = 18$、式は $y = 18 \div x$　$9 = 18 \div x$、
$x = 18 \div 9 = 2$ より　$x = 2$

(2)　①三角形の面積は底辺 × 高さ ÷ 2 だから、
$24 = x \times y \div 2 \rightarrow x \times y = 48$　$y = 48 \div x$
② $y = 48 \div 2 = 24$ より　24 cm

PART 3
正の数・負の数

学力レベル ▸▸▸ **中1年**

ここが重要!!

0より大きい数を「正の数」
0より小さい数を「負の数」といいます。
0は正の数でも負の数でもありません。

ここで、"数直線"と呼ばれる図を導入してみますと、以下のようになります。

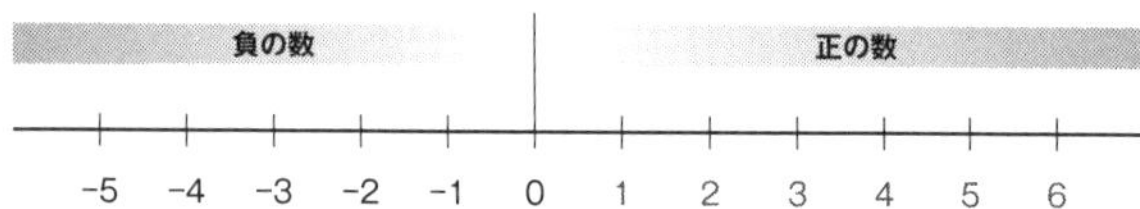

0より右にある正の整数はそのまま、1、2、3、……と呼び0より左にある負の整数は数字の前に"−(マイナス)"をつけ、
−1、−2、……を、マイナス1、マイナス2、……と呼びます。

! 正の数・負の数を理解するためのポイント

+は得点、−は失点とみます

Aさんはゲームの結果をメモしました。

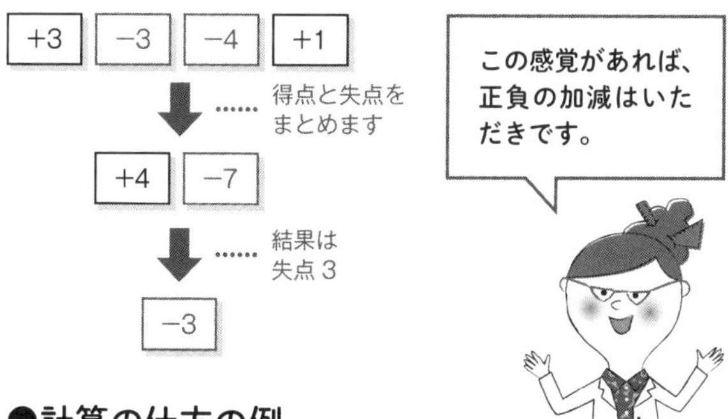

●計算の仕方の例

(1) 足し算、引き算

①$-2-3-4=-9$ ⬅失点、失点、失点ですね

②$-8+5=-(8-5)=-3$ ⬅失点が多いので失点が残ります

※$-(-5)=+5$

③$-4+8-9=-4-9+8=-13+8=-5$

(2) かけ算、割り算

マイナスが奇数（1、3、5、……）個なら、答えの符号は−
マイナスが偶数（2、4、6、……）個なら、答えの符号は+

① $(-2)\times3=-6$ ⬅マイナス1個

② $(-2)\times(-3)=+6$ ⬅マイナス2個

※割り算の場合もまったく同じになります。

(3) 足し算と引き算、かけ算と割り算が混ざっているとき

かけ算と割り算の計算が優先されます。

$1 + 2 \times 3 - 6 \div 2 = 1 + (2 \times 3) - (6 \div 2)$

$= 1 + 6 - 3 = 7 - 3 = 4$

演習 計算してください。

① $3 \times 2 + 3$

② $-6 \div (-2) - 1$

③ $4 \times 6 - 8 \div (-2)$

④ $2 \times (-1) + 4 \div (-2)$

答え：①9　②2　③28　④－4

練習ドリル

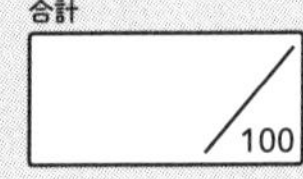

基本問題 計算してください。（目標3分／①〜④5点、⑤〜⑧10点）

① $5 \times (-6) + 12$

② $10 + (-3) \times 2$

③ $8 \div 4 + 3$

④ $18 - 15 \div (-3)$

⑤ $(-24) \div (-3) - 5$

⑥ $(-5) \times 3 - (-6) \div 2$

⑦ $(-24) \div (-8) + 6 \times (-4)$

⑧ $7 - (-5) \div (-5) \times 3$

マイナスを含むかけ算や割り算の答えの符号はマイナスの数が偶数（2で割り切れる整数）個なら＋、マイナスが奇数（2で割り切れない整数）個なら、－

応用問題 チャレンジしましょう。 （目標2分／各10点）

① $8 \times (-3) + 10 \times 5 - 4 \times 3$

② $7 \times 2 - (-10) \div (-2) + (-3) \times 5$

③ $98 - (39 - 53) \div 7$

ヒント▶▶（　）内を先に計算します。

④ $\{28 - (-13 + 9)\} \div (-8)$

解答

基本問題

① $5 \times (-6) + 12 = -30 + 12 = -18$

② $10 + (-3) \times 2 = 10 - 6 = 4$

③ $8 \div 4 + 3 = 2 + 3 = 5$

④ $18 - 15 \div (-3) = 18 - (-5) = 23$

⑤ $(-24) \div (-3) - 5 = 8 - 5 = 3$

⑥ $(-5) \times 3 - (-6) \div 2 = (-15) - (-3) = -12$

⑦ $(-24) \div (-8) + 6 \times (-4) = 3 + (-24)$
$= -21$

⑧ $7 - (-5) \div (-5) \times 3 = 7 - 1 \times 3 = 7 - 3 = 4$

応用問題

① $8 \times (-3) + 10 \times 5 - 4 \times 3 = -24 + 50 - 12$
$= 14$

② $7 \times 2 - (-10) \div (-2) + (-3) \times 5$
$= 14 - 5 + (-15) = -6$

③ $98 - (39 - 53) \div 7 = 98 - (-14) \div 7$
$= 98 - (-2) = 100$

④ $\{28 - (-13 + 9)\} \div (-8)$
$= \{28 - (-4)\} \div (-8) = 32 \div (-8) = -4$

PART 4

アルファベットなどの文字を用いた計算

学力レベル ▸▸▸ 中1年～高2

ここが重要!!

文字式では「**省順（しょうじゅん）**」が大事
省は、**記号×、÷、1**の省略
順は、**数は文字の前、文字はアルファベット順**

たとえば、「2が3個ある場合」は、

2+2+2=6のように、**“2”が“6”**に変身します。
しかし、「aが3個ある場合」は、
$a+a+a=3a$という表記になり、
“a”は“a”のままです。
かけ算でも同じで、$2\times3=6$、$a\times3=3a$とします。
また、記号×（かける）は省き、数は文字の前、
文字はアルファベット順に
書くというルールがあり、$b\times3\times a=3ab$となります。
ただし、$1\times a$や$(-1)\times a$は、$1a$、$-1a$とは書かずに、
a、$-a$と書きます。

×の省略を理解するためのポイント

$a\times 4$ は、“ × ”を省略して“$4a$”と表す

※このとき、4を「係数」、a を「文字」という。

※文字と数の積では、数を文字の前に出す。

※係数が－1や1のときは、1を省略する。

次に、割り算の場合です。

これは1つのことだけを覚えておけばOKです。

それは、「÷のうしろは分母」ということです。

$$a\div ③=\frac{a}{③}\left(\frac{1}{3}a\text{でも可}\right)$$

（③：分母）

$$3x\div(-5)=\frac{3x}{-5}=-\frac{3x}{5}\left(-\frac{3}{5}x\text{でも可}\right)$$

（マイナスは前に出す）

$$(x+2y)\div(a+b)=\frac{x+2y}{a+b}$$（カッコはとります）

同じ文字のかけ算の場合です。

かけ合わされた“文字の数”を右上に小さく書きます。

これを“累乗の指数”といいます。

$a \times a \times a \times a = a^{④}$

↑ 4個

$a \times a \times b \times b \times b = a^2 \times b^3 = a^2 b^3$

$x \times x \times x \times x \times y \times y \times z = x^4 y^2 z$

$(x - y) \times (x - y) = (x - y)^2$

$(x + y) \times (x + y) = (x + y)^2$

などとなります。

演習　文字式にしてください。

① $a \times b \times (-3)$

② $a + 2a$

③ $ab \div 5$

④ $a \times a \times b \times b$

⑤ $2x \div (-3)$

⑥ $(2x + 4) \div (a + c)$

答え：

① $-3ab$　② $3a$　③ $\frac{ab}{5}$　④ a^2b^2　⑤ $-\frac{2}{3}x$　⑥ $\frac{2x+4}{a+c}$

具体的な計算例

同じ文字どうし、数字どうしを計算します。

❶ $2a + 1 + 3a - 2 = 2a + 3a + 1 - 2 = 5a - 1$

❷ $3x + y + x - y = 3x + x + y - y = 4x$

❸ $6a + 2b \ominus (a - 3b) = 6a + 2b \underline{- a + 3b}$

$= 5a + 5b$

※ 注意！マイナスがカッコの前にある場合、カッコを外すと、カッコ内のすべての項の符号が変わります。

❹ $2x \times 4 = 2 \times 4 \times x = 8x$

❺ $12x \div 3y = \boxed{\dfrac{12x}{3y}} = \dfrac{{}^{4}\cancel{12} \times x}{{}_{1}\cancel{3} \times y} = \dfrac{4 \times x}{y} = \boxed{\dfrac{4x}{y}}$

※ $\dfrac{\overset{4}{\cancel{12}}x}{{}_{1}\cancel{3}y}$ とするのが基本。
これを約分といいます。

❻ $8a \div \frac{4}{7} = 8a \times \frac{7}{4} = \overset{2}{\cancel{8}} \times \frac{7}{\underset{1}{\cancel{4}}} \times a = 14a$

※ ÷のあとが分数のときは分子・分母を逆にしてかけ算になおします。

❼ $x^2 + x + 3x^2 + 2x$

$= x^2 + 3x^2 + x + 2x = 4x^{②} + 3x$

※ 文字の種類が１種類でも次数（肩の数）が違うときは、これ以上計算することができません。

❽ $a^{③} \times a^{②} = (a \times a \times a) \times (a \times a) = a^{⑤}$

ここを足します。

❾ $(a^{③})^{②} = (a \times a \times a) \times (a \times a \times a) = a^{⑥}$

ここをかけます。

❿ $8xy \times 7x \div 4xy = \overset{2}{\cancel{8}}\overset{1}{\cancel{x}}\overset{1}{\cancel{y}} \times 7x \times \frac{1}{\underset{1}{\cancel{4}}\underset{1}{\cancel{x}}\underset{1}{\cancel{y}}} = 2 \times 7x$

$= 14x$

約分しています。

解いた日　　　月　　日
タイム　　　　分　　秒

練習ドリル

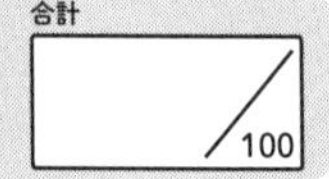

基本問題 計算してください。 (目標3分／各10点)

① $2x - 8 - 5x + 3$

② $(a - 1) - (-4a + 5)$

③ $5x \times 7y$

④ $16xy^3 \div (-2y)$

応用問題 チャレンジしましょう。 (目標2分／各15点)

① $(2a^2 - 5a) - (-5a^2 + 3a)$

② $(-10 + 5n + 10mn) - (10mn - 8m - 10)$

③ $5xy \div (-2x) \times 8x^2$

④ $-8ab^2 \times (-3a) \div (-2ab)^2$

解答

基本問題

① $2x-8-5x+3=2x-5x-8+3=-3x-5$

② $(a-1)-(-4a+5)=a-1+4a-5$

$=a+4a-1-5=5a-6$

③ $5x\times 7y=35xy$

④ $16xy^3\div(-2y)=-\dfrac{\overset{8}{\cancel{16}}x\overset{2}{\cancel{y^3}}}{\underset{1}{\cancel{2}}\underset{1}{\cancel{y}}}=-8xy^2$

応用問題

① $(2a^2-5a)-(-5a^2+3a)=2a^2-5a+5a^2-3a$

$=7a^2-8a$

② $(-10+5n+10mn)-(10mn-8m-10)$

$=-10+5n+10mn-10mn+8m+10=8m+5n$

③ $5xy\div(-2x)\times 8x^2=-\dfrac{5xy\times\overset{4}{\cancel{8}}\overset{1}{\cancel{x^2}}}{\underset{1}{\cancel{2}}\underset{1}{\cancel{x}}}=-20x^2y$

④ $-8ab^2\times(-3a)\div(-2ab)^2=\dfrac{\overset{6}{\cancel{24}}\overset{1}{\cancel{a^2}}\overset{1}{\cancel{b^2}}}{\underset{1}{\cancel{4}}\underset{1}{\cancel{a^2}}\underset{1}{\cancel{b^2}}}=6$

PART 5

1次関数

学力レベル ▸▸▸ 中2年

“1次関数”は

$y = ax + b$ ($a \neq 0$) で表されています。

※ a、b は定数といいます。

たとえば、「1本50円の鉛筆を何本かと、300円のペンケースを1個買うときの代金」
について考えましょう。

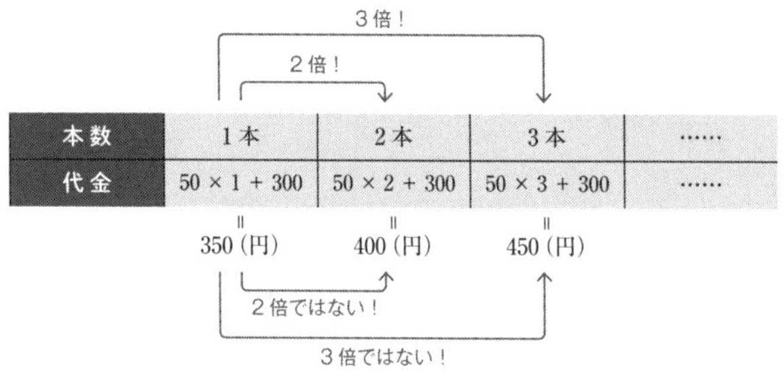

本数	1本	2本	3本	……
代金	50 × 1 + 300	50 × 2 + 300	50 × 3 + 300	……
	= 350(円)	= 400(円)	= 450(円)	

おわかりのように、鉛筆の本数が2倍、3倍になるのに合わせて、代金は2倍、3倍にはなっていません。
原因はペンケースにあります。
〈比例〉の式は$y=ax$（鉛筆のみの代金）でしたが、上の表の場合は、
$y=ax+b$（bはペンケースがプラスされた分）という式になることがわかります。
鉛筆の本数をx本、代金をy円とすると、
この場合の式は、$y=50x+300$となります。
これは、1次関数$y=ax+b$で、$a=50$、
$b=300$の場合にあたります。
なお、$y=ax$は$b=0$のときの1次関数です。

1次関数を理解するためのポイント

1次関数 $y=ax+b$ とは、
比例の式 $y=ax$ に b が加えられた式
※ $b=0$ のとき比例の式となる。

◈ a は「傾き（変化の割合）」といい、
$\dfrac{y\text{の増加量}}{x\text{の増加量}}$ で導き出される。

今、貯金が1万円あり、1ヵ月ごとに2万円貯めていく人がいます。

x ヵ月後には 2 万円× x ヵ月分増えますが、
元々 1 万円あったわけですから、
金額の合計を y 万円とすると、
式は "$y = 2x + 1$" と表されます。
これは 144 ページの鉛筆の例と変わりません。
では、3 ヵ月ごとに 2 万円貯める場合はどうでしょう。
1 ヵ月あたりに換算すると、

$2 \div 3 = \frac{2}{3}$ (万円/月) になりますので、

式は "$y = \frac{2}{3}x + 1$" ということになります。

具体的に、

3 ヵ月後 ($x = 3$) は $y = \frac{2}{3} \times 3 + 1 = 2 + 1 = 3$

よって 3 万円

6 ヵ月後 ($x = 6$) は $y = \frac{2}{3} \times 6 + 1 = 4 + 1 = 5$

よって 5 万円

と計算できます。

※ $\boxed{y = ax + b}$ の形で表されるとき、「y は x の1次関数である」といい、ここで a は“傾き（変化の割合）”と呼ばれ、x が1増えたとき y がいくつ増えるかということを表します。

演習

y は x の1次関数で傾き（変化の割合）が6、$x = 3$ のとき、$y = 9$ であるとします。

① y を x の式で表してください。

② $x = 8$ のときの y の値を求めてください。

③ $y = 30$ のときの x の値を求めてください。

答え：① $y = 6x - 9$ ② 39 ③ $\frac{13}{2}\left(6\frac{1}{2}\right)$

解いた日　　月　日
タイム　　分　秒

練習ドリル

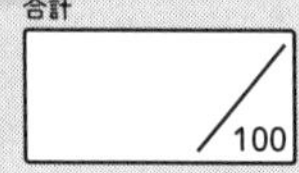

基本問題

（目標3分／各5点）

(1) y を x の式で表してください。

① 100円の容器に1kgあたり70円の塩を $x$kg入れたときの代金 y円

② 800mの道のりを行くとき、分速60mで x 分歩いたときの残りの道のり ym

(2) (1)の①〜②について答えてください。

① 塩を2kg入れたときの代金を答えてください。

② 残りの道のりが200mのとき、何分歩いたことになりますか。

(3) y は x の1次関数で傾き(変化の割合)が3、$x = 2$ のとき $y = 7$ であるとします。

① y を x の式で表してください。

② $x = 8$ のときの y の値を求めてください。

③ $x = 5$ のときの y の値を求めてください。

④ $y = 10$ のときの x の値を求めてください。

応用問題　チャレンジしましょう。

（目標2分／①～③各10点、④ ⑤各15点）

y が x の１次関数で、対応する x、y の値は下の表のようになっているとき、次の問いに答えてください。

x	0	3	6	9	12
y	ⓐ	1	ⓑ	13	ⓒ

① 傾き（変化の割合）$\left(\dfrac{y\text{の増加量}}{x\text{の増加量}}\right)$を求めてください。

② y を x の式で表してください。

③ 空欄ⓐ～ⓒを埋めてください。

④ $x = 8$ のときの y の値を求めてください。

⑤ $y = 35$ のときの x の値を求めてください。

解答

基本問題

(1)　① $y = 70x + 100$

② $y = 800 - 60x$ より　　$y = -60x + 800$

(2)　① $y = 70 \times 2 + 100 = 240$ より 240円

② $200 = -60x + 800$　　$60x = 800 - 200$

$60x = 600$　　$x = 10$　よって 10分

(3)　① 1次関数の式は $y = ax + b$「a は傾き(変化の割合)」で表されるから、

$7 = 3 \times 2 + b$　　$6 + b = 7$　　$b = 1$

よって $y = 3x + 1$

② $y = 3 \times 8 + 1 = 25$

③ $y = 3 \times 5 + 1 = 16$

④ $10 = 3x + 1$　$3x = 9$　$x = 3$

応用問題

① $\dfrac{13-1}{9-3} = \dfrac{12}{6} = 2$　よって　傾き(変化の割合)は2

② $1 = 2 \times 3 + b$　$6 + b = 1$　$b = -5$　よって　$y = 2x - 5$

③ ⓐ-5　ⓑ7　ⓒ19

④ $y = 2 \times 8 - 5 = 11$

⑤ $35 = 2x - 5$　$2x = 40$　$x = 20$

PART 6

1次方程式・1次不等式

学力レベル ▸▸▸ **中1、高1年**

方程式とは

特定の値で成り立つ等式で、その値を求めることを方程式を解くといいます。

(1) 1次方程式

「□－1＝3、□に入る数は？」簡単です。答えは4ですね。
これは言い換えると、「1を引いたら3になる数は何か」なので、すぐ答えがわかりますが、もしこれが、
「4倍して17を引くと15になる数は何か」だったらすぐにわかるでしょうか？
そこで“方程式”という道具を使います。
求める数を仮にxとすると、式は、

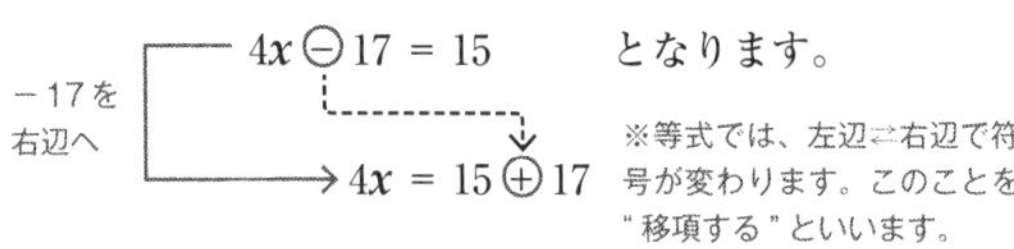

両辺を4で割る（$\frac{1}{4}$をかける）

$$4x = 32$$

$$x = \frac{32}{4}$$

$$x = 8$$

となり、答えが“8”であることがわかります。
ためしに$x = 8$を代入してみると、
$4 \times 8 - 17 = 32 - 17 = 15$　合っています！

少し複雑にしてみます。
ここでは、文字の項を左辺、
数の項を右辺へ移項することを覚えておいてください。

$$3 - 8x = 39 - 4x$$

$-4x$を左辺へ
3を右辺へ（符号が変わります）

$$-8x + 4x = 39 - 3$$

$$-4x = 36$$

両辺に$-\frac{1}{4}$をかける

$$x = \frac{36}{-4}$$

$$x = -9$$

(2) 1次不等式

解き方は、1次方程式とほとんど同じですが、
両辺に同じ負の数をかけたり、
両辺を同じ負の数で割ったりすると、

不等号の向きが変わります。

$$8 - 10x < 22 - 3x$$

$-3x$を左辺へ
8を右辺へ

$$-10x + 3x < 22 - 8$$

$$-7x < 14$$

$$x > \frac{14}{-7}$$

$$x > -2$$

（xは-2より大きい）と答えが出ます。

●不等式は不等号（<、>、≦、≧）で表されます。

例）・$x < 2$ ……xは2よりも小さい数（2は含まない）

・$x > 2$ ……xは2よりも大きい数（2は含まない）

・$x \leqq 2$ ……xは2以下の数（2を含む）

・$x \geqq 2$ ……xは2以上の数（2を含む）

演習 方程式・不等式を解いてください。

① $2x + 2 = x + 10$

② $14x - 20 = 6x + 12$

③ $4x + 2 < 8x - 2$

④ $7x - 14 \geqq 28x - 14$

答え：① $x = 8$　② $x = 4$　③ $x > 1$　④ $x \leqq 0$

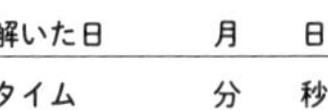

練習ドリル

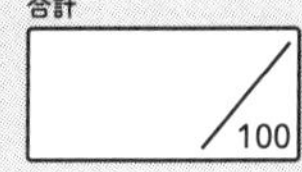

基本問題 方程式・不等式を解いてください。

（目標3分／各6点）

① $3x + 4 = x + 10$

② $7x - 10 = 3x + 6$

③ $5x - 2 = 2x + 7$

④ $10x + 2 = 5x - 4$

⑤ $13x + 2 = 3x - 3$

⑥ $8x + 11 = 6x - 1$

⑦ $4x + 1 < 3x + 5$

⑧ $2x + 6 < 5x + 8$

⑨ $25x - 38 \geqq 49x - 18$

⑩ $30x + 3 \leqq 3x - 3$

応用問題 チャレンジしましょう。（目標2分／各10点）

① $18 - 17x = 15x - 10$

② $8(3 - x) = 10 - 5(x + 5)$

③ $200 - 5x \geqq 3x + 64$

④ $3(x + 1) < 2(x + 3)$

※応用問題の②、④はのちの「式の展開」で紹介する“分配法則”を使います。
たとえば、$2(x + 3)$ の場合、$2(x + 3) = 2 \times x + 2 \times 3 = 2x + 6$ となります。

解答

基本問題

① $3x + 4 = x + 10$
$3x - x = 10 - 4$
$2x = 6$
$x = 3$

② $7x - 10 = 3x + 6$
$4x = 16$
$x = 4$

③ $5x - 2 = 2x + 7$
$5x - 2x = 7 + 2$
$3x = 9$
$x = 3$

④ $10x + 2 = 5x - 4$
$10x - 5x = -4 - 2$
$5x = -6$
$x = -\frac{6}{5}$

⑤ $13x + 2 = 3x - 3$
$13x - 3x = -3 - 2$
$10x = -5$
$x = -\frac{1}{2}$

⑥ $8x + 11 = 6x - 1$
$2x = -12$
$x = -6$

⑦ $4x + 1 < 3x + 5$
$4x - 3x < 5 - 1$
$x < 4$

⑧ $2x + 6 < 5x + 8$
$-3x < 2$
$x > -\frac{2}{3}$

⑨ $25x - 38 \geqq 49x - 18$
$-24x \geqq 20$
$x \leqq -\frac{20}{24}$
$x \leqq -\frac{5}{6}$

⑩ $30x + 3 \leqq 3x - 3$
$27x \leqq -6$
$x \leqq -\frac{6}{27}$
$x \leqq -\frac{2}{9}$

応用問題

① $18 - 17x = 15x - 10$
$-32x = -28$
$x = \frac{28}{32}$
$x = \frac{7}{8}$

② $8(3 - x) = 10 - 5(x + 5)$
$24 - 8x = 10 - 5x - 25$
$-8x + 5x = 10 - 25 - 24$
$-3x = -39$
$x = 13$

③ $200 - 5x \geqq 3x + 64$
$-8x \geqq -136$
$x \leqq 17$

④ $3(x + 1) < 2(x + 3)$
$3x + 3 < 2x + 6$
$x < 3$

PART 7

連立方程式

学力レベル ▸▸▸ 中2年

“連立方程式”は、わからない数が2つある複数の方程式です。

たとえば、「足したら7になり、引いたら1になる2つの数は何か」

これはすぐわかりますね。4と3です。さ、次にどうなるか。〈1次方程式〉のときのように複雑になるわけです。スミマセン。

例

$$\begin{cases} 3x + 2y = 7 \cdots\cdots ① \\ 4x + y = 6 \cdots\cdots ② \end{cases}$$

①、②の両方に当てはまる数 x、y の値を求めてみます。

まずは x の値を求めます。②を2倍して①から引きます。

$$\begin{array}{rl} 3x + 2y = 7 & \cdots\cdots ① \\ -)\ 8x + 2y = 12 & \cdots\cdots ②\times 2 \\ \hline -5x \qquad = -5 & \longleftarrow \quad y\text{がなくなりました!} \\ x = 1 & \end{array}$$

これを①（②でも可）のxに当てはめます（**"代入"といいます**）。

$$3 \times 1 + 2y = 7$$

$$2y = 7 - 3 \qquad 2y = 4 \qquad y = 2$$

これで$x = 1$、$y = 2$と答えが出たわけです。

$x = 1$、$y = 2$を代入してみますと、

①は　$3 \times \mathbf{1} + 2 \times \mathbf{2} = 3 + 4 = 7$　○

②は　$4 \times \mathbf{1} + \mathbf{2} = 4 + 2 = 6$　○　合っていますね。

このように、2つの式からx、yのいずれかが消えるように調整する方法を**"加減法"**と呼びます。

次に**"代入法"**という方法を紹介します。

例

$$\begin{cases} y = x + 2 \cdots\cdots\cdots\cdots ① \\ 2x - y = 1 \cdots\cdots\cdots\cdots ② \end{cases}$$

左ページとの違いがおわかりでしょうか？

①が$y = \boxed{}$の形になっています。

"＝（イコール）"とは"同じ"という意味ですから、

②のyを$x + 2$に置き換えることができます。

中級編　PART 7　連立方程式

$$2x-(x+2)=1$$
$$2x-x-2=1$$
$$2x-x=1+2$$
$$x=3$$

$x=3$ を①に代入して、

$y=3+2=5$

こうして、$x=3$、$y=5$ と答えが出ました。

演習

連立方程式を解いてください。

① $\begin{cases} x+2y=6 \\ 2x+y=3 \end{cases}$

② $\begin{cases} y=x+4 \\ 4x-y=5 \end{cases}$

③ $\begin{cases} 3x+4y=12 \\ 6x+2y=-2 \end{cases}$

答え：
① $x=0$、$y=3$　② $x=3$、$y=7$　③ $x=-\frac{16}{9}$、$y=\frac{13}{3}$

解いた日　　月　日
タイム　　分　秒

練習ドリル

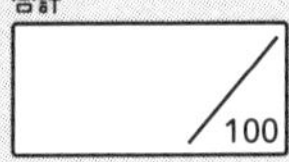

基本問題 連立方程式を解いてください。

（目標3分／各10点）

① $\begin{cases} 2x - y = 16 \\ x - 2y = 11 \end{cases}$

② $\begin{cases} x + 3y = 9 \\ 2x + 2y = 4 \end{cases}$

③ $\begin{cases} x + 3y = 13 \\ 2x - y = 5 \end{cases}$

④ $\begin{cases} 4x - 3y = 12 \\ y = 5x + 7 \end{cases}$

⑤ $\begin{cases} x = y - 12 \\ 2x + y = 6 \end{cases}$

⑥ $\begin{cases} 10x - 25y = 8 \\ x = 8y + 3 \end{cases}$

応用問題　チャレンジしましょう。（目標2分／各10点）

① $\begin{cases} 2x + 3y = 12 \\ 3x + 4y = 17 \end{cases}$

② $\begin{cases} 4x + 3y = 16 \\ 5x + 4y = 21 \end{cases}$

③ $\begin{cases} y = 2(x - 1) \\ 3(x + 1) - (y + 2) = 6 \end{cases}$

④ $\begin{cases} 2(x - 1) = 3(y - 1) \\ 2(x - 3) + 1 = y \end{cases}$

解答

基本問題

① $\begin{cases} 2x - y = 16 \cdots\cdots ① \\ x - 2y = 11 \cdots\cdots ② \end{cases}$

①−②×2で

$$\begin{array}{rr} & 2x - y = 16 \\ -) & 2x - 4y = 22 \\ \hline & 3y = -6 \\ & y = -2 \end{array}$$

これを①に代入して

$2x - (-2) = 16$

$2x = 14$　$x = 7$

答え　$x = 7$、$y = -2$

② $\begin{cases} x + 3y = 9 \cdots\cdots ① \\ 2x + 2y = 4 \cdots\cdots ② \end{cases}$

①×2−②で

$$\begin{array}{rr} & 2x + 6y = 18 \\ -) & 2x + 2y = 4 \\ \hline & 4y = 14 \\ & y = \frac{7}{2} \end{array}$$

これを①に代入して

$x + 3 \times \frac{7}{2} = 9$　$x = 9 - \frac{21}{2}$

$x = -\frac{3}{2}$　答え $x = -\frac{3}{2}$、$y = \frac{7}{2}$

③ $\begin{cases} x + 3y = 13 \cdots\cdots ① \\ 2x - y = 5 \cdots\cdots ② \end{cases}$

①×2−②で

$$\begin{array}{rr} & 2x + 6y = 26 \\ -) & 2x - y = 5 \\ \hline & 7y = 21 \\ & y = 3 \end{array}$$

これを①に代入して

$x + 3 \times 3 = 13$

$x + 9 = 13$　$x = 4$

答え　$x = 4$、$y = 3$

解答

基本問題

④ $\begin{cases} 4x - 3y = 12 \cdots\cdots ① \\ y = 5x + 7 \cdots\cdots ② \end{cases}$

②を①に代入して

$4x - 3(5x + 7) = 12$

$4x - 15x - 21 = 12$

$-11x = 33$

$x = -3$

これを②に代入して

$y = 5 \times (-3) + 7 = -8$

答え $x = -3$、$y = -8$

⑤ $\begin{cases} x = y - 12 \cdots\cdots ① \\ 2x + y = 6 \cdots\cdots ② \end{cases}$

①を②に代入して

$2(y - 12) + y = 6$

$2y - 24 + y = 6$

$3y = 30$

$y = 10$

$y = 10$ を①に代入して

$x = 10 - 12 = -2$

答え $x = -2$、$y = 10$

⑥ $\begin{cases} 10x - 25y = 8 \cdots\cdots ① \\ x = 8y + 3 \cdots\cdots ② \end{cases}$

②を①に代入して

$10(8y + 3) - 25y = 8$

$80y + 30 - 25y = 8$

$55y = -22$

$y = -\frac{22}{55} = -\frac{2}{5}$

これを②に代入して

$x = 8 \times \left(-\frac{2}{5}\right) + 3 = -\frac{1}{5}$

答え $x = -\frac{1}{5}$、$y = -\frac{2}{5}$

応用問題

① $\begin{cases} 2x + 3y = 12 \cdots\cdots ① \\ 3x + 4y = 17 \cdots\cdots ② \end{cases}$

①×3－②×2で

$$\begin{array}{r} 6x + 9y = 36 \\ -)\ 6x + 8y = 34 \\ \hline y = 2 \end{array}$$

これを①に代入して

$2x + 6 = 12$　$2x = 6$　$x = 3$

答え $x = 3$、$y = 2$

② $\begin{cases} 4x + 3y = 16 \cdots\cdots ① \\ 5x + 4y = 21 \cdots\cdots ② \end{cases}$

①×4－②×3として、

$$\begin{array}{r} 16x + 12y = 64 \\ -)\ 15x + 12y = 63 \\ \hline x = 1 \end{array}$$

これを①に代入して

$4 + 3y = 16$　$3y = 12$　$y = 4$

答え $x = 1$、$y = 4$

③ $\begin{cases} y = 2(x - 1) \cdots\cdots ① \\ 3(x + 1) - (y + 2) = 6 \cdots\cdots ② \end{cases}$

①を　$y = 2x - 2 \cdots\cdots ③$

②を　$3x + 3 - y - 2 = 6$

$3x - y = 5 \cdots\cdots ④$　とする。

③を④に代入して

$3x - (2x - 2) = 5$

$3x - 2x + 2 = 5$

$x = 3$

これを③に代入して

$y = 2 \times 3 - 2 = 4$　答え $x = 3$、$y = 4$

④ $\begin{cases} 2(x - 1) = 3(y - 1) \cdots\cdots ① \\ 2(x - 3) + 1 = y \cdots\cdots ② \end{cases}$

①を整理して　$2x - 2 = 3y - 3$

$2x - 3y = -1 \cdots\cdots ③$

②を整理して　$y = 2x - 5 \cdots\cdots ④$

④を③に代入して

$2x - 3(2x - 5) = -1$

$2x - 6x + 15 = -1$

$-4x = -16$　　$x = 4$

これを④に代入して

$y = 2 \times 4 - 5 = 3$　　答え $x = 4$、$y = 3$

中級編

PART 7 連立方程式

時間の単位計算の仕方

ここでは単位を素早く変更するためのテクニックを紹介します。

単位

$\frac{1}{60}$分＝1秒

$\frac{1}{60}$時間＝1分＝60秒

1時間＝60分

例　次の時間の単位を（　）の中のものに変更して表しなさい。

① 9分20秒(秒)

1分＝60秒なので

$9 \times 60 + 20 = 560$

560秒

② 42000秒(分)

1秒$\frac{1}{60}$分なので

$42000 \times \frac{1}{60} = 700$

700分

第3章

上級編

$$x^2+5x+6=x^2+(2+3)x+2\times3$$
$$=(x+2)(x+3)$$
$$x^2-3x+2=x^2+\{(-1)+(-2)\}x+(-1)\times(-2)$$
$$=(x-1)(x-2)$$

いよいよ最後の章の上級編です。因数分解や√の計算、2次方程式など、なかなかの難敵ですが、初級編、中級編で培ってきた算数スキルをフル稼働させれば、大丈夫！　親切な解説があなたをナビゲートしてくれます。本章を極めることで、算数の世界がより楽しいものになることでしょう。と、同時に、より深く算数の世界を知りたくなることでしょう。

PART 1

式の展開・因数分解

学力レベル ▶▶▶ 中3～高1年

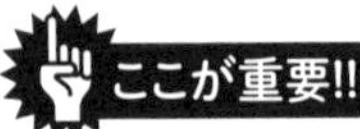

式の展開

“展開する” とは一言でいうと、“カッコをなくす（はずす）” ことです。

基本は“分配法則”です。

(1) $a(b+c) = ab + ac$ とするものです。

これが式の展開すべての前提となっています。

それでは次に、$(a+b)(c+d)$ の場合はどうでしょうか。

(2) $(a+b)(c+d) = ac + ad + bc + bd$ というように

a と b がそれぞれ c と d に **“分配”** されます。これが基本ですが、

次にもっと簡単に計算するための “公式” なるものをまとめてみます。

● $(x+a)(x+b)$ の展開

まず分配法則を使ってみますと、

$(x+a)(x+b) = x^2 + bx + ax + ab$ となりますが、

〜〜〜の部分は、$2x + 3x = 5x$ のようにまとめることができ、

$ax + bx = (a+b)x$（分配の逆ですね）

つまり、

(3) $(x+a)(x+b) = x^2 + (a+b)x + ab$ という公式ができあがります。

$a+b$：足す　ab：かける

これを使えば、$(x+2)(x+3) = x^2 + (2+3)x + 2 \times 3$

$= x^2 + 5x + 6$

のように、簡単に式の展開が終わります。

●$(a+b)^2$の展開

$(a+b)^2=(a+b)(a+b)$ と展開して整理すると、

(4) $\boxed{(a+b)^2=\underset{\sim}{a^2}+\underset{\sim}{2ab}+\underset{\sim}{b^2}}$

2乗　2倍　2乗

たとえば、$(x+3)^2=x^2+2\times x\times 3+3^2$

$=x^2+6x+9$ です。

●$(a+b)(a-b)$の展開

これも展開して整理すると、

ともに2乗

(5) $\boxed{(a+b)(a-b)=a^2\underset{\sim}{-}b^2}$

マイナス

たとえば、$(x+2)(x-2)=x^2-2^2=x^2-4$ です。

式の展開を理解するためのポイント

キーワードは“分配法則”

※式の展開は分配法則を用いるのが基本！
展開するときは、以下の3つの公式を覚えておくと便利！

① $(x+a)(x+b)=x^2+(a+b)x+ab$

② $(a+b)^2=a^2+2ab+b^2$

※$(a-b)^2=a^2-2ab+b^2$

③ $(a+b)(a-b)=a^2-b^2$

上級編

PART 1 式の展開・因数分解

演習

次の式を展開してください。

① $ab(a+c)$　② $(a+c)(b+d)$

③ $(x+5)(x+6)$　④ $(x+4)^2$

答え：① a^2b+abc　② $ab+ad+bc+cd$
③ $x^2+11x+30$　④ $x^2+8x+16$

因数分解

“展開の逆”で、カッコのない式を（　　）を使った式で表すことを因数分解するといいます。

〈式の展開〉のページと見比べてみてください。

（(1)～(5)が対応しています）

(1) $\underline{a}b + \underline{a}c = a(b + c)$

$\underline{a}b$、$\underline{a}c$ の a → **“共通因数”**といいます。

$a(b + c)$ → **“共通因数の a でくくる”**といいます。

たとえば、

① $\underline{2}x + \underline{2}y = \underline{2}(x + y)$

② $3a + 6b = \underline{3}a + \underline{3} \times 2b = 3(a + 2b)$

③ $3ma + 12mb = \underline{3m}a + \underline{3m} \times 4b = 3m(a + 4b)$

(2) $\underline{a}c + \underline{a}d + \tilde{b}c + \tilde{b}d$

$= a(c + d) + b(c + d)$　さらに共通因数をくくり出すと

共通因数（うしろにあっても同じです）

$= (c + d)(a + b) = (a + b)(c + d)$

(3) $\boxed{x^2 + (a + b)x + ab = (x + a)(x + b)}$

たとえば、

① $x^2 + 5x + 6 = x^2 + (2 + 3)x + 2 \times 3$

$= (x + 2)(x + 3)$

② $x^2 - 3x + 2 = x^2 + \{(-1) + (-2)\}x + (-1) \times (-2)$

$= (x - 1)(x - 2)$

(4) $\boxed{a^2 + 2ab + b^2 = (a + b)^2}$

たとえば、

① $x^2 + 6x + 9 = x^2 + 2 \times x \times 3 + 3^2$

$= (x + 3)^2$

② $x^2 - 2x + 1 = x^2 + 2 \times x \times (-1) + (-1)^2$

$= (x - 1)^2$

(5) $\boxed{a^2 - b^2 = (a + b)(a - b)}$

たとえば、

$x^2 - 4 = x^2 - 2^2$

$= (x + 2)(x - 2)$

ところで、次のような場合は、どのように因数分解をしたらよいのでしょうか。

$3x^2 + 5x + 2$

x^2の係数が1ではなく、"3" になっていますので、(3) の方法は使えません。そこで登場するのが、「たすきがけ」を用いた因数分解です。

以下がその考え方です。

1 x^2の係数を $a \times c$ の値と考える。
2 定数項を $b \times d$ の値と考える。
3 たすきがけで x の係数をチェック！

すべての組合せでたすきがけをしてみて、x の係数が $ad + bc$ を満たす a、b、c、d の値が答えになります。

$$ac\,x^2 + (ad + bc)x + bd$$

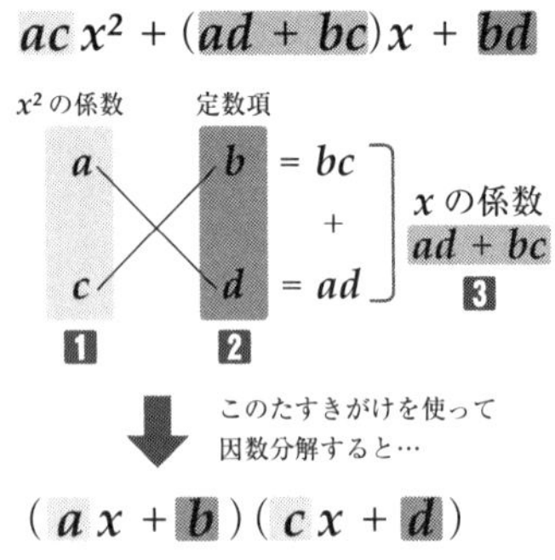

$$(ax + b)(cx + d)$$

例）

$3x^2 + 5x + 2$

$$
\begin{array}{ccccc}
3 & \diagdown\!\!\!\diagup & 2 & = 2 & \\
 & & & + & 5 \\
1 & & 1 & = 3 &
\end{array}
$$

答え　$(3x+2)(x+1)$

例）

$5x^2 + 17x + 6$

$$
\begin{array}{ccccc}
5 & \diagdown\!\!\!\diagup & 2 & = 2 & \\
 & & & + & 17 \\
1 & & 3 & = 15 &
\end{array}
$$

答え　$(5x+2)(x+3)$

演習

次の式を因数分解しなさい。

① $bc + bd$

② $a^2 + 10a + 25$

答え：① $b(c+d)$　② $(a+5)^2$

解いた日　　月　日
タイム　　分　秒

練習ドリル

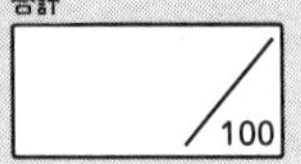

基本問題

（目標3分／各5点）

(1) 次の式を展開してください。

① $a(3b+4c)$　　② $(x+3)(x+4)$

③ $(a-2b)^2$　　④ $(x+3)(x-3)$

⑤ $(2x+5)(2x-5)$　　⑥ $(x+2)(x-7)$

(2) 次の式を因数分解してください。

① $x^2 + 5x - 14$

② $a^2 - 3a - 10$

③ $x^2 - 16x + 64$

④ $x^2 - 49$

⑤ $a^2 - 16b^2$

⑥ $3x^2 + 7x + 2$

応用問題　チャレンジしましょう。　（目標2分／各4点）

(1) 次の式を展開してください。

① $-18ab\left(\frac{5}{12}a-\frac{2}{9}b\right)$　② $(a+2)(a^2+a-1)$

③ $(2a+3)(2a+5)$　④ $(8x-5y)^2$

⑤ $(-x+y)(-x-y)$

(2) 次の式を因数分解してください。

① $ax+ay-2az$　② $36x^2yz-45xy^2z+18xyz^2$

③ $x^2 - 22xy + 40y^2$

④ $64x^2 + 16x + 1$

⑤ $400a^2b^2 - 25$

解答

基本問題

(1) ① $3ab + 4ac$　② $x^2 + 7x + 12$

③ $a^2 - 4ab + 4b^2$　④ $x^2 - 9$

⑤ $4x^2 - 25$　⑥ $x^2 - 5x - 14$

(2) ① $(x - 2)(x + 7)$　② $(a + 2)(a - 5)$

③ $(x - 8)^2$　④ $(x + 7)(x - 7)$

⑤ $(a + 4b)(a - 4b)$　⑥ $(3x + 1)(x + 2)$

応用問題

(1) ① $-\frac{15}{2}a^2b + 4ab^2$　② $a^3 + 3a^2 + a - 2$

③ $4a^2 + 16a + 15$　④ $64x^2 - 80xy + 25y^2$

⑤ $x^2 - y^2$

(2) ① $a(x + y - 2z)$　② $9xyz(4x - 5y + 2z)$

③ $(x - 2y)(x - 20y)$　④ $(8x + 1)^2$

⑤ $25(4ab + 1)(4ab - 1)$

PART 2

√の計算

学力レベル ▸▸▸ 中3年

"√（ルート）"とは

「2回かけるとaになる数」を$\pm\sqrt{a}$（$\sqrt{a}$と$-\sqrt{a}$の2つを示したもの）といいます。

$x^2 = 3 \rightarrow x = \pm\sqrt{3}$

● $4 = \underbrace{2 \times 2}_{2回}$ですから$\sqrt{4} = 2$、

$25 = \underbrace{5 \times 5}_{2回}$ですから$\sqrt{25} = 5$となります。

しかし、いつもこうなるわけではありません。たとえば、$\sqrt{3}$（2回かけると3になる数）などはどうも整数では見当たらないようです。ですから、そういう数があるものとして（実際はあるのですが……）、そのまま$\sqrt{3}$と表記することに決めたのです。

$\sqrt{\ }$の計算法

(1)足し算、引き算

計算の仕方は前出の“文字を用いた計算”と同じです。

たとえば、

① $\sqrt{7}+2\sqrt{7}=(1+2)\sqrt{7}=3\sqrt{7}$

② $4\sqrt{3}-2\sqrt{3}=(4-2)\sqrt{3}=2\sqrt{3}$　　　となります。

$\sqrt{\ }$の計算を理解するためのポイント

$\sqrt{\ }$のかけ算と割り算のルール（$a>0$、$b>0$のとき）

① $\sqrt{a}\times\sqrt{b}=\sqrt{ab}$

② $\sqrt{a}\div\sqrt{b}=\dfrac{\sqrt{a}}{\sqrt{b}}=\sqrt{\dfrac{a}{b}}$

(2)かけ算、割り算

ルートの中を普通に計算します。たとえば、

① $\sqrt{2} \times \sqrt{3} = \sqrt{2 \times 3} = \sqrt{6}$

② $\sqrt{8} \div \sqrt{2} = = \sqrt{\dfrac{8}{2}} = \sqrt{4} = 2$

ところが、これだけでは終わらないのです。$\sqrt{\ }$の中の数を素数（約数が１とその数自身のみの数）のかけ算に分解して（**素因数分解といいます**）、同じ素数が２個あるときはその素数１個を$\sqrt{\ }$の前に出さなければならないというルールがあるからです。このことを“ルートを開く”といいます。簡単な方法があるのでそれを示します。

たとえば$\sqrt{72}$の場合

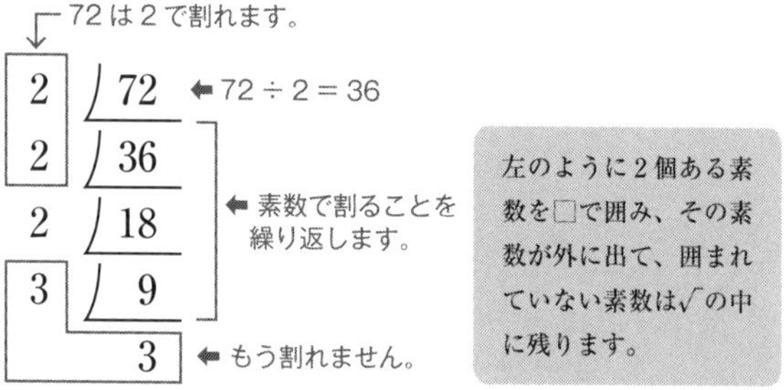

72は２で割れます。

2	72	⬅ 72 ÷ 2 = 36
2	36	⬅ 素数で割ることを繰り返します。
2	18	
3	9	
	3	⬅ もう割れません。

左のように２個ある素数を□で囲み、その素数が外に出て、囲まれていない素数は$\sqrt{\ }$の中に残ります。

つまり、$\sqrt{72} = 2 \times 3\sqrt{2} = 6\sqrt{2}$ と求められます。

演習

次の式を計算してください。

① $\sqrt{5}+3\sqrt{5}$

② $\sqrt{3}\times\sqrt{7}$

③ $\sqrt{10}\div\sqrt{2}$

④ $2\sqrt{3}-\sqrt{3}$

⑤ $\sqrt{16}\div\sqrt{2}$

⑥ $\sqrt{8}\times\sqrt{3}$

答え：① $4\sqrt{5}$　② $\sqrt{21}$　③ $\sqrt{5}$　④ $\sqrt{3}$　⑤ $2\sqrt{2}$　⑥ $2\sqrt{6}$

解いた日　　月　日
タイム　　分　秒

練習ドリル

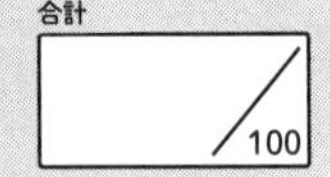

基本問題　計算してください。　（目標3分／各5点）

① $3\sqrt{2}+2\sqrt{2}$

② $9\sqrt{6}-\sqrt{6}-3\sqrt{6}$

③ $\sqrt{3}\times\sqrt{12}$

④ $\sqrt{14}\div\sqrt{2}$

※$\sqrt{5}-\sqrt{3}=\sqrt{5-3}=\sqrt{2}$
とはならないので注意して
ください！

⑤ $-\sqrt{6}\times 3\sqrt{3}$

⑥ $\sqrt{5}+\sqrt{20}$

⑦ $\sqrt{54}-\sqrt{96}$

⑧ $2\sqrt{50}-\sqrt{72}$

応用問題　チャレンジしましょう。　（目標2分／各15点）

① $\sqrt{8}+\sqrt{32}-\sqrt{50}$

② $\sqrt{63}-\sqrt{112}+5\sqrt{28}$

③ $\sqrt{8}\times\sqrt{5}\div\sqrt{2}$

④ $\sqrt{27}\times\sqrt{20}\div\sqrt{6}\div\sqrt{15}$

※ $2\sqrt{3}\times 5\sqrt{6}$などの場合、ルートの外どうし、内どうしでかけ算します。
$2\sqrt{3}\times 5\sqrt{6}=2\times 5\times\sqrt{3\times 6}=10\sqrt{18}=10\sqrt{3^2\times 2}=30\sqrt{2}$

解答

基本問題

① $5\sqrt{2}$

② $5\sqrt{6}$

③ $\sqrt{3}\times\sqrt{12}=\sqrt{36}=6$

④ $\sqrt{7}$

⑤ $-\sqrt{6}\times3\sqrt{3}=-3\sqrt{18}=-3\sqrt{3^2\times2}=-9\sqrt{2}$

⑥ $\sqrt{5}+\sqrt{20}=\sqrt{5}+\sqrt{2^2\times5}=\sqrt{5}+2\sqrt{5}=3\sqrt{5}$

⑦ $\sqrt{54}-\sqrt{96}=3\sqrt{6}-4\sqrt{6}=-\sqrt{6}$

⑧ $2\sqrt{50}-\sqrt{72}=2\sqrt{5^2\times2}-\sqrt{3^2\times2^2\times2}=10\sqrt{2}-6\sqrt{2}=4\sqrt{2}$

応用問題

① $\sqrt{8}+\sqrt{32}-\sqrt{50}$

$=\sqrt{2^2\times2}+\sqrt{2^2\times2^2\times2}-\sqrt{5^2\times2}$

$=2\sqrt{2}+4\sqrt{2}-5\sqrt{2}=\sqrt{2}$

② $\sqrt{63}-\sqrt{112}+5\sqrt{28}$

$=\sqrt{3^2\times7}-\sqrt{4^2\times7}+5\sqrt{2^2\times7}$

$=3\sqrt{7}-4\sqrt{7}+10\sqrt{7}=9\sqrt{7}$

③ $\sqrt{8}\times\sqrt{5}\div\sqrt{2}$

$=\sqrt{\frac{8\times5}{2}}=\sqrt{20}=2\sqrt{5}$

④ $\sqrt{27}\times\sqrt{20}\div\sqrt{6}\div\sqrt{15}$

$=\sqrt{\frac{27\times20}{6\times15}}=\sqrt{6}$

PART 3

2次方程式

学力レベル »» 中3年

ここが重要!!

2次方程式はまず因数分解を利用し、だめなら解の公式を利用して解きます。

$ax^2+bx+c=0\ (a \neq 0)$ が2次方程式です。

2次方程式を解くには2種類の方法があります。

(1) 因数分解を利用する方法

$x^2 - 7x + 10 = 0$ を解いてください。

まず、因数分解をためします。

$x^2 - 7x + 10 = 0 \quad (x - 2)(x - 5) = 0$

$x - 2 = 0$ または $x - 5 = 0$

$x = 2$、5 ………答え

(2) "解の公式" を利用する方法

$x^2 - 2x - 2 = 0$ を解いてください。

まず、因数分解をためします。因数分解ができないため、解の公式を使います。